Asymptotische Analysis

Jens Wirth

Asymptotische Analysis

Zentrale Sätze und Anwendungen

Jens Wirth
Institut für Analysis, Dynamik und
Modellierung, Fachbereich Mathematik
Universität Stuttgart
Stuttgart, Deutschland

ISBN 978-3-662-73342-4 ISBN 978-3-662-73343-1 (eBook)
https://doi.org/10.1007/978-3-662-73343-1

Die Deutsche Nationalbibliothek verzeichnet diese Publikation in der Deutschen Nationalbibliografie; detaillierte bibliografische Daten sind im Internet über https://portal.dnb.de abrufbar.

Planung/Lektorat: Andreas Rüdinger
Springer Spektrum ist ein Imprint der eingetragenen Gesellschaft Springer-Verlag GmbH, DE und ist ein Teil von Springer Nature.
Die Anschrift der Gesellschaft ist: Heidelberger Platz 3, 14197 Berlin, Germany

Vorwort

Asymptotische Analysis ist mehr Hilfsmittel als Theorie und stellt damit keine einheitliche und abgeschlossene Lerneinheit dar. Ich werde im folgenden versuchen, eine kurze Begriffsbestimmung und Ideensammlung zu geben. Für die Details sei auf die nachfolgenden Kapitel verwiesen.

Sei $a : \mathbb{N} \to \mathbb{C}$ eine (komplexe) Zahlenfolge mit Gliedern $a_k = a(k)$. Über eine derartige Folge lassen sich verschiedenartige Aussagen treffen. So kann man zum Beispiel die Folge explizit angeben,

$$a_k = k! = \prod_{j=1}^{k} j, \tag{0.0.1}$$

was es (prinzipiell) einfach macht das k-te Folgenglied auszurechnen. Darüberhinaus kann man Abschätzungen für die Größe von a_k angeben. Hier gilt zum Beispiel

$$2^{k-1} \le k! \le k^{k-1} \tag{0.0.2}$$

für alle $k \in \mathbb{N}$. Diese Ungleichungen werden mit zunehmenden k schlechter; interessiert man sich nur für große k so kann man nach asymptotischen Ungleichungen suchen. Ein Beispiel dafür ist die Stirlingsche Abschätzung

$$1 - \varepsilon \le \frac{k!}{\sqrt{2\pi k}\left(\frac{k}{\mathrm{e}}\right)^k} \le 1 + \varepsilon \qquad k \ge N_\varepsilon, \tag{0.0.3}$$

gültig für hinreichend große k. Diese schreibt man auch kurz als

$$k! \sim \sqrt{2\pi k}\left(\frac{k}{\mathrm{e}}\right)^k, \qquad k \to \infty, \tag{0.0.4}$$

der relative Fehler der Abschätzung nimmt mit zunehmendem k ab. Während die explizite Vorschrift zur Berechnung von $k!$ stets das richtige Ergebnis (bei drastisch steigendem Aufwand) liefert, ist die asymptotische Formel auch für große k einfach zu berechnen. Ein zweites für uns wichtiges Beispiel ist die Primzahlzählfunktion

$$a_k = \#\{p \,\text{prim} \,:\, p \leq k\}, \tag{0.0.5}$$

deren explizite Bestimmung für große k schon am Testen der Primzahleigenschaft großer natürlicher Zahlen scheitert. Jedoch gilt der Primzahlsatz

$$a_k \sim \frac{k}{\ln k}, \qquad k \to \infty, \tag{0.0.6}$$

wie wir im Verlaufe des Semesters beweisen werden.

Asymptotische Aussagen sind auch oft einfacher zu beweisen als direkte Abschätzungen. Wir werden dies im Verlaufe der Vorlesung noch oft sehen. Ziel der Vorlesung ist es Methoden zu entwickeln, mit denen das asymptotische Verhalten von Folgen und Funktionen ausgehend von Rekursions-, Differenzen- und Differentialgleichungen sowie Integraldarstellungen bestimmt werden kann. Als Anwendungen werden Aussagen der analytischen Zahlentheorie sowie aus dem Bereich der speziellen Funktionen betrachtet.

Jens Wirth

Competing Interests Der/die Autor*in hat keine relevanten Interessenskonflikte im Zusammenhang mit dieser Publikation.

Inhaltsverzeichnis

Asymptotisches Verhalten von Folgen 1

In diesem einleitenden Kapitel soll das asymptotische Verhalten von Zahlenfolgen im Mittelpunkt stehen. Die wichtigen Grundbegriffe der asymptotischen Analysis werden wir bei der Untersuchung von Zahlenfolgen kennenlernen und im Anschluss noch einmal in voller Allgemeinheit definieren.

Im weiteren bezeichne $\mathbb{F} = \{a : \mathbb{N}_0 \to \mathbb{C}\}$ die Menge der komplexwertigen Zahlenfolgen sowie $\mathbb{F}_+ = \{a : \mathbb{N}_0 \to \mathbb{R}_+\}$ ihre Teilmenge der positiven Zahlenfolgen. Ist $a \in \mathbb{F}$, so schreiben wir a_n kurz für das n-te Folgenglied $a(n)$. Ebenso bezeichnen wir zu $a, b \in \mathbb{F}$ und $\boxtimes \in \{+, -, \cdot, /\}$ die Folge mit Gliedern $a_n \boxtimes b_n$ kurz als $a \boxtimes b$. Weiter unterscheiden wir nicht zwischen Konstanten aus $\mathbb{C}$ und konstanten Folgen, verstehen $\mathbb{C}$ als eingebettet in die Menge der Folgen $\mathbb{C} \subset \mathbb{F}$.

1.1 Landausche O-Notation

1.1.1 Definition Sei $a \in \mathbb{F}_+$ eine Folge positiver Zahlen. Dann bezeichnet man nach Landau[1]

$$\mathbf{O}(a) = \left\{ b \in \mathbb{F} \ : \ \limsup_{n\to\infty} \frac{|b_n|}{a_n} < \infty \right\} \tag{1.1.1}$$

als Menge der durch a dominierten Folgen. Für $b \in \mathbf{O}(a)$ sagt man, b sei ein *groß*-**O** von a.

1.1.2 Proposition *Die Menge $\mathbf{O}(a)$ besitzt die Struktur eines Vektorraumes über $\mathbb{C}$. Weiterhin gilt*

[1] Edmund Landau, 1877–1938.

J. Wirth, *Asymptotische Analysis*,
https://doi.org/10.1007/978-3-662-73343-1_1

(1) *$b \in \mathbb{F}_+$ und $b \in \mathbf{O}(a)$ impliziert $\mathbf{O}(b) \subset \mathbf{O}(a)$;*
(2) *$b \in \mathbf{O}(a)$ und $d \in \mathbf{O}(c)$ impliziert $bd \in \mathbf{O}(ac)$.*

1.1.3 Definition Seien $a, b \in \mathbb{F}_+$. Dann heißen a und b *asymptotisch vergleichbar*, falls $\mathbf{O}(a) = \mathbf{O}(b)$ gilt. In diesem Falle schreiben wir $a \asymp b$.

1.1.4 Beispiel Seien $a_n = 2^n$, $b_n = n^2$ und $c_n = (n + \sin n)^2$. Dann sind $a, b, c \in \mathbb{F}_+$ und es gilt $b, c \in \mathbf{O}(a)$. Weiter gilt $c \in \mathbf{O}(b)$ sowie $b \in \mathbf{O}(c)$ und damit $b \asymp c$.

1.1.5 Beispiel Zu $n \in \mathbb{N}$ betrachten wir die Fakultät $n! = \prod_{k=1}^{n} k$ und ihren Logarithmus. Für letzteren gilt

$$\begin{aligned} \ln n! = \sum_{k=1}^{n} \ln k \le \ln n + \int_1^n \ln x \, \mathrm{d}x \\ = \ln n + \left[x \ln x - x\right]_{x=1}^{n} = n \ln n - n + \ln n + 1 \end{aligned} \tag{1.1.2}$$

als Abschätzung des Integrals durch Untersummen sowie

$$n \ln n - n + 1 = \int_1^n \ln x \, \mathrm{d}x \le \sum_{k=1}^{n} \ln k = \ln n! \tag{1.1.3}$$

als Abschätzung durch Obersummen, siehe Abb. 1.1.

Also gilt $\ln n! \asymp n \ln n$ und

$$\ln n! \in n \ln n - n + \mathbf{O}(\ln n). \tag{1.1.4}$$

Wenn man obige Abschätzungen in die Exponentialfunktion einsetzt erhält man die explizite Abschätzung

$$\mathrm{e}\left(\frac{n}{\mathrm{e}}\right)^n \le n! \le n\mathrm{e}\left(\frac{n}{e}\right)^n, \tag{1.1.5}$$

während die asymptotische Formel (1.1.4) nur $n^{c_1} \le n!/(n/\mathrm{e})^n \le n^{c_2}$ mit unbestimmten Konstanten $c_1, c_2 \in \mathbb{R}$ und für hinreichend großes n bedeutet.

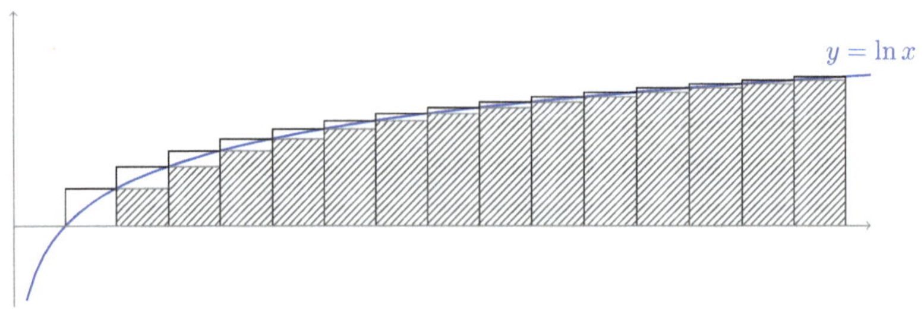

Abb. 1.1 Abschätzung von $\ln n!$ durch Ober- und Untersummen

1.1.6 Definition Zu $a \in \mathbb{F}_+$ sei

$$\mathbf{o}(a) = \left\{ b \in \mathbb{F} \; : \; \lim_{n\to\infty} \frac{b_n}{a_n} = 0 \right\}. \tag{1.1.6}$$

Für $b \in \mathbf{o}(a)$ sagt man auch, b sei ein *klein-*$\mathbf{o}$ von a.

1.1.7 Proposition *Die Menge* $\mathbf{o}(a)$ *besitzt die Struktur eines Vektorraumes über* $\mathbb{C}$. *Weiterhin gilt*

(1) $\mathbf{o}(a) \subset \mathbf{O}(a)$;
(2) $b \in \mathbb{F}_+$ *und* $b \in \mathbf{o}(a)$ *impliziert* $\mathbf{o}(b) \subset \mathbf{o}(a)$;
(3) $b \in \mathbf{o}(a)$ *und* $d \in \mathbf{O}(c)$ *impliziert* $bd \in \mathbf{o}(ac)$.

1.1.8 Definition Seien $a, b \in \mathbb{F}$ und $b_n \neq 0$ für fast alle n. Dann heißen a und b *asymptotisch äquivalent*, falls

$$\lim_{n\to\infty} \frac{a_n}{b_n} = 1 \tag{1.1.7}$$

gilt. In diesem Falle schreiben wir $a \sim b$.

1.1.9 Proposition *Seien* $a, b \in \mathbb{F}_+$. *Dann sind äquivalent*

(1) $a \sim b$;
(2) $a/b - 1 \in \mathbf{o}(1)$;
(3) $a - b \in \mathbf{o}(b)$;
(4) $a - b \in \mathbf{o}(a)$.

1.1.10 Beispiel Es gilt $n \in \mathbf{o}(n \ln n)$ und $\ln n \in \mathbf{o}(n)$. Wie schon in Beispiel 1.1.5 gezeigt, gilt damit

$$\ln n! \sim n \ln n - n. \tag{1.1.8}$$

In Abb. 1.2 sind beide Folgen dargestellt, trotz asymptotischer Äquivalenz unterscheiden sich beide noch deutlich. Zum Vergleich ist ebenso die asymptotische Äquivalenz $\ln n! \sim n \ln n - n + \ln \sqrt{n} + \ln \sqrt{2\pi}$ dargestellt, die wir in Beispiel 1.3.4 noch zeigen werden.

1.2 Asymptotische Entwicklungen

1.2.1 Wir beginnen da, wo wir in obigen Beispielen aufgehört haben. Für $\ln n!$ haben wir gezeigt, dass sowohl

$$\ln n! \in n \ln n + \mathbf{o}(n \ln n) \tag{1.2.1}$$

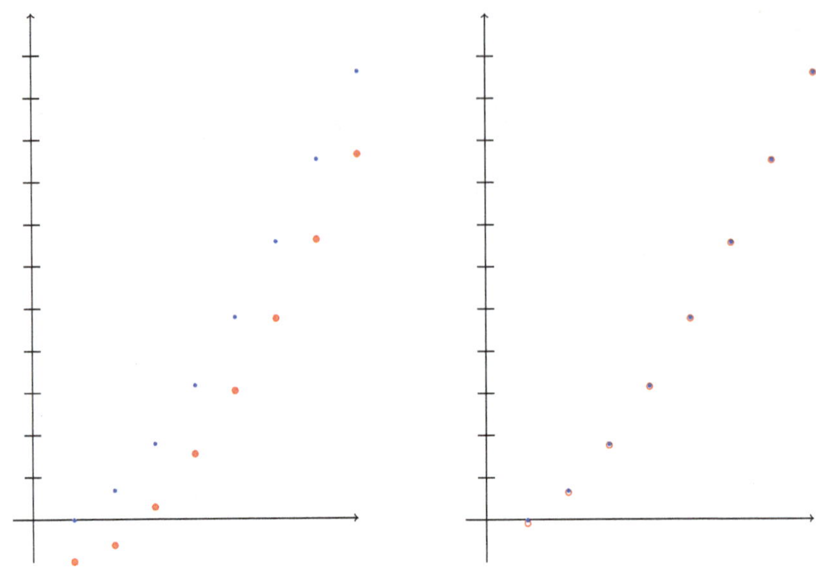

Abb. 1.2 Links: $\ln n!$ in blau im Vergleich zu $n \ln n - n$ in rot Rechts: $\ln n!$ in blau im Vergleich zu $n \ln n - n + \ln \sqrt{n} + \ln \sqrt{2\pi}$ in rot

als auch

$$\ln n! \in n \ln n - n + \mathbf{o}(n) \tag{1.2.2}$$

gelten. Es stellt sich die Frage, ob sich weitere solche asymptotischen Verbesserungen finden lassen. Die Beantwortung dieser Frage verschieben wir in das nächste Unterkapitel, hier werden wir zuerst die allgemeinen Definitionen vorbereiten.

1.2.2 Definition Sei $a \in \mathbb{F}$. Eine Folge $a^{(k)} \in \mathbb{F}$ heißt *asymptotische Entwicklung* von a, falls

$$a^{(k)} \neq 0 \text{ fast überall} \qquad \text{und} \qquad a^{(k+1)} \in \mathbf{o}(|a^{(k)}|), \tag{1.2.3}$$

sowie

$$a - \sum_{j=1}^{k} a^{(j)} \in \mathbf{o}(|a^{(k)}|) \tag{1.2.4}$$

für alle $k \in \mathbb{N}$ gilt. In diesem Falle schreiben wir $a \sim \sum_k a^{(k)}$ und sprechen von einer asymptotischen Reihe.

1.2.3 Beispiel Die direkt aus der Exponentialreihe folgende Darstellung

$$\mathrm{e}^{-1/n} = \sum_{k=0}^{\infty} \frac{(-1)^k}{k! n^k} \tag{1.2.5}$$

ist eine asymptotische Reihe, da

$$\left| \mathrm{e}^{-1/n} - \sum_{j=0}^{k} \frac{(-1)^j}{j!n^j} \right| = \left| \sum_{j=k+1}^{\infty} \frac{(-1)^j}{j!n^j} \right| \leq \frac{1}{(k+1)!n^{k+1}} \in \mathbf{o}(n^{-k}), \qquad n \to \infty, \tag{1.2.6}$$

da die Summanden der Reihe das Leibnizkriterium erfüllen. Es gilt also

$$\mathrm{e}^{-1/n} \sim 1 - \frac{1}{n} + \frac{1}{2n^2} - \frac{1}{6n^3} \pm \cdots \tag{1.2.7}$$

Diese Reihe ist dabei sogar konvergent.

Asymptotische Entwicklungen werden uns noch einige begegnen, insbesondere wenn wir uns mit dem asymptotischen Verhalten von Funktionen beschäftigen. Man beachte, dass es für asymptotische Reihen keinen Konvergenzbegriff gibt. Sie bestimmen im Allgemeinen für kein $n \in \mathbb{N}$ den Wert a_n.

1.3 Summenformeln

1.3.1 Wir benötigen noch ein Hilfsmittel. Im Folgenden bezeichne B_k die k-te *Bernoullizahl*[2], definiert durch

$$\frac{z}{\mathrm{e}^z - 1} = \sum_{k=0}^{\infty} B_k \frac{z^k}{k!}, \qquad |z| < 2\pi, \tag{1.3.1}$$

und allgemeiner $B_k(t)$ das k-te*Bernoullipolynom* definiert als

$$\frac{z}{\mathrm{e}^z - 1} \mathrm{e}^{tz} = \sum_{k=0}^{\infty} B_k(t) \frac{z^k}{k!}, \qquad |z| < 2\pi. \tag{1.3.2}$$

Die Folge der $B_k(t)$ sind als Taylorkoeffizienten einer analytischen Funktion eindeutig bestimmt, die angegebenen Reihen konvergieren absolut und gleichmäßig in jedem kleineren Kreis bezüglich z.

Lemma *Es gilt*

(1) $B_0(t) = 1$;
(2) $\partial_t B_k(t) = k B_{k-1}(t)$ *für alle* $t \in \mathbb{C}$;
(3) $\int_0^1 B_k(t)\,\mathrm{d}t = 0$ *für* $k \geq 1$;
(4) $B_k(1) = (-1)^k B_k(0)$;
(5) $B_{2k+1}(0) = 0$ *für* $k \geq 1$.

---

[2] Jakob I. Bernoulli, 1654–1705.

Insbesondere ist $B_k(t)$ ein Polynom vom Grad k in t. Darüberhinaus gilt die Abschätzung

$$|B_k(t)| \le k! \tag{1.3.3}$$

für alle $t \in [0, 1]$.

Beweis (**1**) folgt aus $B_0(t) = \lim_{z\to 0} \frac{z}{e^z-1} e^{tz} = 1$. • (**2**) folgt durch formales Differenzieren der Reihe und der Beobachtung, dass die abgeleitete Reihe wiederum absolut und gleichmäßig konvergiert,

$$\sum_{k=0}^{\infty} \partial_t B_k(t) \frac{z^k}{k!} = \partial_t \frac{z}{e^z-1} e^{tz} = \frac{z^2}{e^z-1} e^{tz} = \sum_{k=0}^{\infty} B_k(t) \frac{z^{k+1}}{k!} = \sum_{k=1}^{\infty} k B_{k-1}(t) \frac{z^k}{k!}. \tag{1.3.4}$$

(**3**) folgt durch Integration

$$1 = \frac{z}{e^z-1} \int_0^1 e^{tz}\, dt = \sum_{k=0}^{\infty} \left(\int_0^1 B_k(t)\, dt \right) \frac{z^k}{k!} \tag{1.3.5}$$

und Koeffizientenvergleich. • (**4**) ergibt sich durch Einsetzen von $-z$ in die Reihendarstellung,

$$\sum_{k=0}^{\infty} B_k(1) \frac{z^k}{k!} = \frac{z}{e^z-1} e^z = \frac{z}{1-e^{-z}} = \sum_{k=0}^{\infty} (-1)^k B_k(0) \frac{z^k}{k!}. \tag{1.3.6}$$

(**5**) folgt aus

$$\frac{1}{e^z-1} - \frac{1}{1-e^{-z}} = \frac{1-e^{-z}-e^z+1}{(e^z-1)(1-e^{-z})} = -1, \tag{1.3.7}$$

da damit $z/(e^z-1) = 1 - z/2 + f(z)$ mit einer geraden Funktion $f(z)$ gilt. Es bleibt die Abschätzung zu zeigen. Dazu nutzen wir Induktion über k. Für $k = 1$ gilt $B_1(t) = t - 1/2$ und die Aussage folgt. Für den Induktionsschritt nutzen wir, dass $B_k(t)$ reellwertig ist und damit wegen (3) eine Nullstelle t_0 im Intervall $[0, 1]$ besitzen muss. Also gilt mit (2) und der Induktionsvoraussetzung

$$B_k(t) = k \int_{t_0}^{t} B_{k-1}(s)\, ds, \qquad |B_k(t)| \le k|t - t_0|(k-1)! \le k!. \tag{1.3.8}$$

□

Die nachfolgende Summenformel von Euler[3] und Maclaurin[4] verallgemeinert die Trapezregel.

[3] Leonhard Euler, 1707–1783.
[4] Colin Maclaurin, 1698–1746.

1.3.2 Lemma (Euler–Maclaurin-Formel). *Sei $k \geq 1$ und $g \in \mathrm{C}^{2k}[0,1]$. Dann gilt*

$$\int_0^1 \frac{B_{2k}(t)}{(2k)!} g^{(2k)}(t)\,\mathrm{d}t = \sum_{j=1}^{k} \frac{B_{2j}}{(2j)!}\left(g^{(2j-1)}(1) - g^{(2j-1)}(0)\right) - \frac{g(1)+g(0)}{2} + \int_0^1 g(t)\,\mathrm{d}t \tag{1.3.9}$$

Beweis Der Fall $k = 1$ folgt durch partielles Integrieren

$$\begin{aligned}\int_0^1 B_2(t) g''(t)\,\mathrm{d}t &= B_2(t)g'(t)\big|_{t=0}^1 - 2\int_0^1 B_1(t)g'(t)\,\mathrm{d}t \\ &= B_2(t)g'(t)\big|_{t=0}^1 - 2B_1(t)g(t)\big|_{t=0}^1 + 2\int_0^1 g(t)\,\mathrm{d}t \\ &= B_2\left(g'(1) - g'(0)\right) - \left(g(1)+g(0)\right) + 2\int_0^1 g(t)\,\mathrm{d}t\end{aligned} \tag{1.3.10}$$

unter Beachtung von $B_0(t) = 1$ sowie $B_1(0) = -B_1(1) = -1/2$ sowie $B_2(0) = B_2(1) = B_2$. Für größere k nutzen wir Induktion. Es gilt wiederum

$$\begin{aligned}\int_0^1 B_{2k}(t)g^{(2k)}(t)\,\mathrm{d}t &= B_{2k}(t)g^{(2k-1)}(t)\big|_{t=0}^1 - (2k)\int_0^1 B_{2k-1}(t)g^{(2k-1)}(t)\,\mathrm{d}t \\ &= B_{2k}(t)g^{(2k-1)}(t)\big|_{t=0}^1 - (2k)B_{2k-1}(t)g^{(2k-2)}(t)\big|_{t=0}^1 \\ &\quad + (2k)(2k-1)\int_0^1 B_{2k-2}(t)g^{(2k-2)}(t)\,\mathrm{d}t \\ &= B_{2k}\left(g^{(2k-1)}(1) - g^{(2k-1)}(0)\right) \\ &\quad + (2k)(2k-1)\int_0^1 B_{2k-2}(t)g^{(2k-2)}(t)\,\mathrm{d}t\end{aligned} \tag{1.3.11}$$

und mit $B_{2k-1}(0) = B_{2k-1}(1) = 0$ sowie $B_{2k}(1) = B_{2k}(0) = B_{2k}$ folgt die Behauptung. □

Da die Bernoullipolynome $B_k(t) \in \mathbf{O}(k!)$ gleichmäßig in $t \in [0,1]$ erfüllen, kann man diese Formel zum Beweis von Reihenentwicklungen nutzen. Gilt zum Beispiel $g \in \mathrm{C}^{\infty}[0,1]$ mit

$$\sup_{t\in[0,1]} |g^{(k)}(t)| \to 0, \qquad k \to \infty, \tag{1.3.12}$$

so strebt das Integral auf der linken Seite in (1.3.9) für $k \to \infty$ gegen Null und wir erhalten

$$\frac{g(1)+g(0)}{2} = \sum_{j=1}^{\infty} \frac{B_{2j}}{(2j)!}\left(g^{(2j-1)}(1) - g^{(2j-1)}(0)\right) + \int_0^1 g(t)\,\mathrm{d}t \tag{1.3.13}$$

Zum Beweis asymptotischer Entwicklungen benötigen wir eine leichte Verschärfung der Formel und betrachten Integrale über Intervalle ganzzahliger Länge. Addieren wir dann Euler–Maclaurin-Formeln für jedes Teilintervall der Länge Eins, so erhalten wir die Euler–Maclaurinsche Summenformel.

1.3.3 Korollar (Euler–Maclaurin-Summenformel). *Sei* $f \in \mathrm{C}^{2k}[m,n]$. *Dann gilt*

$$\begin{aligned}\sum_{j=m}^{n} f(j) = &\int_m^n f(t)\,\mathrm{d}t + \frac{f(m)+f(n)}{2}\\ &+\sum_{j=1}^{k}\frac{B_{2j}}{(2j)!}\Big(f^{(2j-1)}(n) - f^{(2j-1)}(m)\Big) + R_{2k}(m,n)\end{aligned} \tag{1.3.14}$$

mit

$$R_{2k}(m,n) = -\int_m^n \frac{B_{2k}(t-\lfloor t\rfloor)}{(2k)!} f^{(2k)}(t)\,\mathrm{d}t. \tag{1.3.15}$$

Nutzt man, dass $B_{2k+1} = B_{2k+1}(0) = B_{2k+1}(1) = 0$ für alle $k \in \mathbb{N}$ sowie

$$B_1(1) = -B_1(0) = \frac{1}{2} \tag{1.3.16}$$

gilt, so kann man die Summenformel kompakter als

$$\begin{aligned}\sum_{j=m}^{n} f(j) = &\sum_{j=0}^{2k}\frac{B_j(1)f^{(j-1)}(n) - B_j(0)f^{(j-1)}(m)}{j!}\\ &-\int_m^n \frac{B_{2k}(t-\lfloor t\rfloor)}{(2k)!} f^{(2k)}(t)\,\mathrm{d}t.\end{aligned} \tag{1.3.17}$$

schreiben. Hier haben wir die Notation $f^{(-1)}$ für eine Stammfunktion von f genutzt.

1.3.4 Beispiel (Stirling[5]-Reihe) Als erstes Betrachten wir wieder die Folge $\ln n!$. Wendet man die Euler–Maclaurinsche Summenformel auf die Darstellung

$$\ln n! = \sum_{\ell=1}^{n} \ln \ell \tag{1.3.18}$$

[5] James Stirling, 1692–1770.

an, so erhalten wir mit $f(t) = \ln t$ und $f^{(j)}(t) = (-1)^{j-1}(j-1)!t^{-j}$ für $j \geq 1$ entsprechend

$$\begin{aligned}\ln n! = \int_1^n \ln t\,\mathrm{d}t + \frac{1}{2}\ln n + \sum_{j=1}^{k} \frac{B_{2j}}{(2j)(2j-1)}\left(n^{1-2j} - 1\right) \\ + \int_1^n \frac{B_{2k}(t - \lfloor t \rfloor)}{(2k)t^{2k}}\,\mathrm{d}t.\end{aligned} \tag{1.3.19}$$

In dieser Darstellung ist der letzte Summand kein Restterm, allerdings gilt

$$\int_1^n \frac{B_{2k}(t - \lfloor t \rfloor)}{(2k)t^{2k}}\,\mathrm{d}t = \int_1^\infty \frac{B_{2k}(t - \lfloor t \rfloor)}{(2k)t^{2k}}\,\mathrm{d}t - \int_n^\infty \frac{B_{2k}(t - \lfloor t \rfloor)}{(2k)t^{2k}}\,\mathrm{d}t \tag{1.3.20}$$

und nun kann der Restterm

$$\left|\int_n^\infty \frac{B_{2k}(t - \lfloor t \rfloor)}{(2k)t^{2k}}\,\mathrm{d}t\right| \leq (2k-2)!n^{1-2k} \tag{1.3.21}$$

abgeschätzt werden. Bis auf die noch zu bestimmende Konstante

$$c = 1 - \sum_{j=1}^{k} \frac{B_{2j}}{2j(2j-1)} + \int_1^\infty \frac{B_{2k}(t - \lfloor t \rfloor)}{(2k)t^{2k}}\,\mathrm{d}t \tag{1.3.22}$$

haben wir also

$$\ln n! = n \ln n - n + \frac{1}{2}\ln n + c + \sum_{j=1}^{k} \frac{B_{2j}}{(2j)(2j-1)n^{2j-1}} + \mathbf{O}(n^{1-2k}) \tag{1.3.23}$$

für alle $k \in \mathbb{N}$ gezeigt. (Es gilt $c = \ln\sqrt{2\pi}$, was wir hier nicht gezeigt haben. In Beispiel 1.4.5 werden wir für die asymptotische Entwicklung von $n!$ die ersten Koeffizienten explizit bestimmen.)

1.3.5 Beispiel Als zweites Beispiel betrachten wir die Partialsummen der harmonischen Reihe. Hier gilt entsprechend

$$\begin{aligned}\sum_{\ell=1}^{n} \frac{1}{\ell} &= \int_1^n \frac{1}{t}\,\mathrm{d}t + \frac{1}{2}\frac{n+1}{n} + \frac{B_2}{2}\left(1 - \frac{1}{n^2}\right) - \int_1^n \frac{B_2(t - \lfloor t \rfloor)}{t^3}\,\mathrm{d}t \\ &= \ln n + \gamma + \frac{1}{2n} - \frac{B_2}{2n^2} + \int_n^\infty \frac{B_2(t - \lfloor t \rfloor)}{t^3}\,\mathrm{d}t\end{aligned} \tag{1.3.24}$$

mit

$$\gamma = \frac{1 + B_2}{2} - \int_1^\infty \frac{B_2(t - \lfloor t \rfloor)}{t^3}\,\mathrm{d}t. \tag{1.3.25}$$

Weiter gilt

$$-\frac{B_2}{2n^2} + \int_n^\infty \frac{B_2(t - \lfloor t \rfloor)}{t^3}\,\mathrm{d}t = -\sum_{j=1}^{k} \frac{B_{2j}}{2j(2j-1)n^{2j}} + \int_n^\infty \frac{B_{2k}(t - \lfloor t \rfloor)}{t^{2k+1}}\,\mathrm{d}t \tag{1.3.26}$$

und damit für alle k

$$\sum_{\ell=1}^{n} \frac{1}{\ell} = \ln n + \gamma + \frac{1}{2n} - \sum_{j=1}^{k} \frac{B_{2j}}{2j(2j-1)n^{2j}} + \mathbf{O}(n^{-1-2k}). \tag{1.3.27}$$

Die Konstante γ wird als Euler–Mascheroni[6]-Konstante bezeichnet.

1.3.6 Beispiel (Faulhabersche[7] Formeln). Als drittes Beispiel betrachten wir die Potenzsummen

$$n \mapsto \sum_{\ell=0}^{n} \ell^q \tag{1.3.28}$$

zu beliebigem Exponenten $q \in \mathbb{N}$. Da dann der Restterm identisch verschwindet liefert die Euler–Maclaurinsche Summenformel eine explizite Darstellung

$$\begin{aligned}\sum_{\ell=0}^{n} \ell^q &= \int_0^n t^q\,\mathrm{d}t + \frac{n^q}{2} + \sum_{j=1}^{\lfloor q/2 \rfloor} \frac{B_{2j}}{(2j)!}\frac{q!}{(q+1-2j)!} n^{q+1-2j} \\ &= \frac{1}{q+1} n^{q+1} + \frac{1}{2} n^q + \frac{1}{q+1} \sum_{j=1}^{\lfloor q/2 \rfloor} B_{2j} \binom{q+1}{2j} n^{q+1-2j} \\ &= \frac{n^q}{2} + \frac{1}{q+1} \sum_{j=0}^{\lfloor q/2 \rfloor} B_{2j} \binom{q+1}{2j} n^{q+1-2j}.\end{aligned} \tag{1.3.29}$$

Für beliebige Exponenten $q \in \mathbb{C}$ liefert die Euler–Maclaurinsche Summenformel wiederum asymptotische Entwicklungen. Eine analoge Rechnung liefert für jedes $k \in \mathbb{N}$

$$\sum_{\ell=0}^{n} \ell^q = \frac{n^q}{2} + \frac{1}{q+1} \sum_{j=0}^{k} B_{2j} \binom{q+1}{2j} n^{q+1-2j} + \mathbf{O}(n^{\operatorname{Re} q - 2k}). \tag{1.3.30}$$

Für die verallgemeinerten Binomialkoeffizienten siehe auch (1.5.7).

[6] Lorenzo Mascheroni, 1750–1800.
[7] Johannes Faulhaber, 1580–1635.

1.4 Die Methode von Laplace

1.4.1 Oft werden interessante Größen als Integrale dargestellt. Ein typisches Beispiel dafür ist die Fakultät

$$n! = \int_0^\infty \mathrm{e}^{-t} t^n \, \mathrm{d}t, \tag{1.4.1}$$

die Gültigkeit dieser Formel erschließt sich durch partielles Integrieren

$$\int_0^\infty \mathrm{e}^{-t} t^n \, \mathrm{d}t = -t^n \mathrm{e}^{-t}\Big|_{t=0}^{\infty} + n \int_0^\infty \mathrm{e}^{-t} t^{n-1} \, \mathrm{d}t = n \int_0^\infty \mathrm{e}^{-t} t^{n-1} \, \mathrm{d}t \tag{1.4.2}$$

zusammen mit

$$\int_0^\infty \mathrm{e}^{-t} \, \mathrm{d}t = 1. \tag{1.4.3}$$

Wir wollen die Integraldarstellung (1.4.1) nutzen, um das asymptotische Verhalten von $n!$ für große n zu untersuchen. Die verwendete Methode geht auf Laplace[8] zurück. Wir formulieren das Resultat möglichst allgemein, benötigen aber vorher zwei Hilfsaussagen.

1.4.2 Lemma *Es gilt*

$$\int_{-\infty}^\infty \mathrm{e}^{-s^2} \, \mathrm{d}s = \sqrt{\pi}, \tag{1.4.4}$$

sowie für alle $k \in \mathbb{N}_0$

$$\int_{-\infty}^\infty s^{2k+1} \mathrm{e}^{-s^2} \, \mathrm{d}s = 0 \tag{1.4.5}$$

und

$$\int_{-\infty}^\infty s^{2k} \mathrm{e}^{-s^2} \, \mathrm{d}s = \frac{(2k)!}{4^k k!} \sqrt{\pi} = \sqrt{\pi} \left(k - \frac{1}{2}\right)_k \tag{1.4.6}$$

unter Ausnutzung des Pochhammersymbols[9] $(a)_k = a(a-1) \cdots (a-k+1)$.

Beweis Gl. (1.4.4) folgt wegen

$$\begin{aligned}\left(\int_{-\infty}^\infty \mathrm{e}^{-s^2} \, \mathrm{d}s\right)^2 &= \int_{-\infty}^\infty \int_{-\infty}^\infty \mathrm{e}^{-(x^2+y^2)} \, \mathrm{d}x \, \mathrm{d}y = \int_0^{2\pi} \int_0^\infty r \mathrm{e}^{-r^2} \, \mathrm{d}r \, \mathrm{d}\varphi \\ &= \pi \int_0^\infty \mathrm{e}^{-r^2} 2r \, \mathrm{d}r = \pi.\end{aligned} \tag{1.4.7}$$

[8] Pierre-Simon Laplace, 1749–1827.
[9] Leo August Pochhammer, 1841–1920.

Gl. (1.4.5) ist offensichtlich, da der Integrand ungerade ist. Gl. (1.4.6) folgt per Induktion. Bezeichne dazu E_k das zu bestimmende Integral. Dann gilt mittels partieller Integration

$$\begin{aligned}E_k &= \frac{1}{2}\int_{-\infty}^{\infty} s^{2k-1}\mathrm{e}^{-s^2}2s\,\mathrm{d}s = -\frac{1}{2}s^{2k-1}\mathrm{e}^{-s^2}\Big|_{s=-\infty}^{\infty} + \frac{2k-1}{2}\int_{-\infty}^{\infty} s^{2k-2}\mathrm{e}^{-s^2}\,\mathrm{d}s\\ &= \frac{2k-1}{2}E_{k-1} = \left(k-\frac{1}{2}\right)_k E_0.\end{aligned} \tag{1.4.8}$$

Mit (1.4.4) folgt $E_0 = \sqrt{\pi}$ und damit die Behauptung. □

1.4.3 Lemma *Sei $g : \mathbb{R} \to \mathbb{R}$ beschränkt. Dann gilt für jedes $k \in \mathbb{N}$*

$$\int_{-\infty}^{\infty} \mathrm{e}^{-ns^2}s^{2k}g(s)\,\mathrm{d}s \in \mathbf{O}(n^{-k-\frac{1}{2}}). \tag{1.4.9}$$

Beweis Wir substituieren $\sqrt{n}s$ und erhalten

$$\int_{-\infty}^{\infty} \mathrm{e}^{-ns^2}s^{2k}g(s)\,\mathrm{d}s = n^{-k-\frac{1}{2}}\int_{-\infty}^{\infty} \mathrm{e}^{-s^2}s^{2k}g(s/\sqrt{n})\,\mathrm{d}s \tag{1.4.10}$$

und das verbleibende Integral ist durch

$$\left|\int_{-\infty}^{\infty} \mathrm{e}^{-s^2}s^{2k}g(s/\sqrt{n})\,\mathrm{d}s\right| \le M\int_{-\infty}^{\infty} \mathrm{e}^{-s^2}s^{2k}\,\mathrm{d}s, \qquad M = \sup_{s\in\mathbb{R}}|g(s)|, \tag{1.4.11}$$

beschränkt. □

1.4.4 Satz (Laplace). *Sei $-\infty \le a < b \le \infty$ und seien $f, h : (a, b) \to \mathbb{R}$ beliebig oft differenzierbare Funktionen, so dass*

(i) *ein Punkt $t_0 \in (a, b)$ mit $h(t_0) = \mu$, $h'(t_0) = 0$ und $h''(t_0) < 0$ existiert;*
(ii) *für jedes $\varepsilon > 0$ ein $\delta > 0$ existiert, so dass für $|t - t_0| \ge \varepsilon$ stets $h(t) \le \mu - \delta$ gilt;*
(iii) *die Integrierbarkeitsbedingung*

$$\int_a^b |f(t)|\mathrm{e}^{h(t)}\,\mathrm{d}t < \infty \tag{1.4.12}$$

erfüllt ist.

Dann gilt die asymptotische Entwicklung

$$\mathrm{e}^{-n\mu}\int_a^b f(t)\mathrm{e}^{nh(t)}\,\mathrm{d}t \sim \sqrt{\pi}\sum_{k=0}^{\infty}\frac{\alpha_{2k}}{4^k k!}n^{-k-\frac{1}{2}} \tag{1.4.13}$$

für $n \to \infty$ mit Konstanten $\alpha_k \in \mathbb{R}$, die durch

$$\alpha_k = \frac{\mathrm{d}^k}{\mathrm{d}s^k} \frac{f(\phi^{-1}(s))}{\phi'(\phi^{-1}(s))}\bigg|_{s=0} = \left(\frac{1}{\phi'(t)}\frac{\mathrm{d}}{\mathrm{d}t}\right)^k \frac{f(t)}{\phi'(t)}\bigg|_{t=t_0} \tag{1.4.14}$$

für eine glatte Funktion ϕ mit $h(t) = \mu - (\phi(t))^2$ gegeben sind.

Wichtig ist die Existenz einer asymptotischen Entwicklung und die Form der Terme. Die dabei auftretenden Koeffizienten sind durch Koeffizientenvergleich mitunter auch einfacher zu berechnen.

Beweis Es genügt, den Fall $\mu = t_0 = 0$ zu betrachten. Sei also im folgenden $a < 0 < b$ und $h : (a, b) \to (-\infty, 0]$ glatt mit $h(0) = h'(0) = 0$ und $h''(0) < 0$, sowie $h(t) < -\delta$ für alle t mit $|t| \geq \varepsilon$. Wir zerlegen das Integral in zwei Teile und integrieren einmal für $|t| \geq \varepsilon$ und einmal über das Intervall $|t| \leq \varepsilon$.
Schritt 1: Es gilt für jedes $\varepsilon > 0$ mit dem entsprechenden $\delta > 0$

$$\left|\int_{|t|\geq\varepsilon} f(t)\mathrm{e}^{nh(t)}\,\mathrm{d}t\right| \leq \int_{|t|\geq\varepsilon} |f(t)|\mathrm{e}^{h(t)}\mathrm{e}^{(n-1)h(t)}\,\mathrm{d}t \leq \mathrm{e}^{-(n-1)\delta}\int_a^b |f(t)|\mathrm{e}^{h(t)}\,\mathrm{d}t \tag{1.4.15}$$

und damit strebt dieses Integral schneller gegen Null als alle Terme der zu zeigenden asymptotischen Entwicklung.
Schritt 2: Für das verbleibende Integral substituieren wir. Das Integralrestglied des Taylorschen Satzes liefert

$$h(t) = t^2 \int_0^1 h''(\vartheta t)(1-\vartheta)\,\mathrm{d}\vartheta = -t^2\psi(t). \tag{1.4.16}$$

Dabei ist $\psi : (a, b) \to \mathbb{R}$ beliebig oft differenzierbar und erfüllt

$$\psi(0) = -h''(0)\int_0^1 (1-\vartheta)\,\mathrm{d}\theta = -\frac{h''(0)}{2} > 0. \tag{1.4.17}$$

Damit existiert ein $\varepsilon > 0$, so dass $\psi(t) > 0$ für alle $|t| < \varepsilon$ gilt und die Funktion $\phi(t) = t\sqrt{\psi(t)}$ ist für $|t| < \varepsilon$ beliebig oft differenzierbar und erfüllt $h(t) = -(\phi(t))^2$. Durch Verkleinern von ε kann man insbesondere erreichen, dass ϕ streng monoton ist und eine differenzierbare Umkehrfunktion besitzt. Substituiert man nun $s = \phi(t)$, so ergibt sich

$$\int_{|t|<\varepsilon} f(t)\mathrm{e}^{nh(t)}\,\mathrm{d}t = \int_{\phi(-\varepsilon)}^{\phi(\varepsilon)} \frac{f(\phi^{-1}(s))}{\phi'(\phi^{-1}(s))}\mathrm{e}^{-ns^2}\,\mathrm{d}s = \int_{\phi(-\varepsilon)}^{\phi(\varepsilon)} \tilde{f}(s)\mathrm{e}^{-ns^2}\,\mathrm{d}s \tag{1.4.18}$$

und es bleibt, das Verhalten dieses Integrals zu untersuchen. Wir setzen dazu die Funktion $\tilde{f}$ zu einer glatten und zusammen mit allen ihren Ableitungen beschränkten Funktion $\tilde{f} : \mathbb{R} \to \mathbb{R}$ fort. Da damit wiederum

$$\left| \int_{\phi(\varepsilon)}^{\infty} \tilde{f}(s) \mathrm{e}^{-ns^2} \, \mathrm{d}s \right| \leq M \int_{\phi(\varepsilon)}^{\infty} 2s \mathrm{e}^{-ns^2} \, \mathrm{d}s = \frac{M}{n} \mathrm{e}^{-n\phi(\varepsilon)^2} \tag{1.4.19}$$

und eine entsprechende Abschätzung für die untere Hälfte gilt, genügt es, die Behauptung für das Integral

$$\int_{-\infty}^{\infty} \tilde{f}(s) \mathrm{e}^{-ns^2} \, \mathrm{d}s \tag{1.4.20}$$

zu zeigen.
Schritt 3: Wir nutzen die Taylorsche Formel für die Funktion $\tilde{f}$. Es gilt für jedes $N \in \mathbb{N}$

$$\tilde{f}(s) = \sum_{k=0}^{N-1} \frac{\alpha_k}{k!} s^k + \frac{s^N}{(N-1)!} \int_0^1 \tilde{f}^{(N)}(\vartheta s)\,(1-\vartheta)^{N-1} \, \mathrm{d}\vartheta \tag{1.4.21}$$

mit den Koeffizienten

$$\alpha_k = \tilde{f}^{(k)}(0) = \frac{\mathrm{d}^k}{\mathrm{d}s^k} \tilde{f}(s) \bigg|_{s=0}. \tag{1.4.22}$$

Das Integral im Restterm ist nach Konstruktion gleichmäßig beschränkt, der Restterm also Produkt aus einem Polynom und einer beschränkten Funktion. Wir betrachten die Summanden einzeln. Lemma 1.4.3 impliziert, dass der Restterm zu $\mathbf{O}(n^{-(N+1)/2})$ gehört. Für die Summanden des Taylorpolynoms substituieren wir $\sqrt{n}s$ und erhalten

$$\int_{-\infty}^{\infty} s^k \mathrm{e}^{-ns^2} \, \mathrm{d}s = n^{-\frac{1}{2}-\frac{k}{2}} \int_{-\infty}^{\infty} s^k \mathrm{e}^{-s^2} \, \mathrm{d}s, \tag{1.4.23}$$

das verbleibende Integral berechnet sich mit Lemma 1.4.2. □

1.4.5 Beispiel (Stirlingsche Formel). Wir nutzen die Substitution $t = ns$ in (1.4.1)

$$n! = \int_0^{\infty} \mathrm{e}^{-t} t^n \, \mathrm{d}t = \int_0^{\infty} \mathrm{e}^{-t+n\ln t} \, \mathrm{d}t = n \int_0^{\infty} \mathrm{e}^{-ns+n\ln s+n\ln n} \, \mathrm{d}s. \tag{1.4.24}$$

Damit ist Satz 1.4.4 anwendbar. Die Funktion $h(s) = \ln s - s$ besitzt ihr eindeutig bestimmtes Maximum in $s = 1$ mit $h(1) = -1$, $h'(1) = 0$ und $h''(1) = -1 < 0$. Also gilt mit noch zu bestimmenden Konstanten β_k die asymptotische Entwicklung

$$n! \sim \sqrt{n} \left(\frac{n}{e}\right)^n \sum_{k=0}^{\infty} \beta_k n^{-k} \tag{1.4.25}$$

für $n \to \infty$. Wir bestimmen die ersten auftretenden Konstanten. Wegen

$$h(s) + 1 = -\sum_{k=2}^{\infty} \frac{(-1)^k}{k}(s-1)^k = -\frac{1}{2}(s-1)^2 + \frac{1}{3}(s-1)^3 - \frac{1}{4}(s-1)^4 + \mathbf{O}(|s-1|^5) \tag{1.4.26}$$

folgt

$$\phi(s) = \sqrt{-h(s)-1} = \frac{1}{\sqrt{2}}(s-1) - \frac{1}{3\sqrt{2}}(s-1)^2 + \frac{7}{36\sqrt{2}}(s-1)^3 + \mathbf{O}(|s-1|^4) \tag{1.4.27}$$

und damit

$$\begin{aligned} \left.\frac{1}{\phi'(s)}\right|_{s=1} &= \frac{1}{\phi'(1)} = \sqrt{2}, \\ \left.\frac{1}{\phi'(s)}\frac{\mathrm{d}}{\mathrm{d}s}\frac{1}{\phi'(s)}\right|_{s=1} &= -\frac{\phi''(1)}{\phi'(1)^3} = \frac{2}{3} \\ \left.\frac{1}{\phi'(s)}\frac{\mathrm{d}}{\mathrm{d}s}\left(\frac{1}{\phi'(s)}\frac{\mathrm{d}}{\mathrm{d}s}\frac{1}{\phi'(s)}\right)\right|_{s=1} &= -\left.\frac{1}{\phi'(s)}\frac{\mathrm{d}}{\mathrm{d}s}\frac{\phi''(s)}{\phi'(s)^3}\right|_{s=1} \\ &= \frac{3\phi''(1)^2 - \phi'''(1)\phi'(1)}{\phi'(1)^5} = \frac{\sqrt{2}}{3} \end{aligned} \tag{1.4.28}$$

also

$$n! \sim \sqrt{2\pi n}\left(\frac{n}{\mathrm{e}}\right)^n \left(1 + \frac{1}{12}n^{-1} + \mathbf{O}(n^{-2})\right). \tag{1.4.29}$$

Der erste Term der Entwicklung ist als Stirlingsche Formel bekannt.

Besitzt die Funktion h mehrere Maxima zum selben Wert, so addieren sich die asymptotischen Terme einfach. Mit wenigen Änderungen im Beweis lassen sich auch Maxima höherer Ordnung der Funktion h oder Situationen in denen die Maxima am Intervallende liegen behandeln. Wir betrachten nur die Hauptterme der Asymptotik und überlassen die detaillierten asymptotischen Entwicklungen dem interessierten Leser. Wir benötigen die *Eulersche Gammafunktion*

$$\Gamma(z) = \int_0^{\infty} t^{z-1}\mathrm{e}^{-t}\,\mathrm{d}t \tag{1.4.30}$$

definiert für $\operatorname{Re} z > 0$.

1.4.6 Lemma (Watson[10]). *Seien* $\alpha, \beta > 0$, $0 < a \leq \infty$ *und* $f \in C([0, a); \mathbb{C})$ *stetig mit* $f(s) = f(0) + \mathbf{O}(s)$ *für* $s \to 0$ *und gelte die Integrabilitätsbedingung*

$$\int_0^a s^{\beta-1}|f(s)|\mathrm{e}^{-s^\alpha}\,\mathrm{d}s < \infty. \tag{1.4.31}$$

Dann folgt

$$\int_0^a s^{\beta-1} f(s)\mathrm{e}^{-ns^\alpha}\,\mathrm{d}s = \frac{f(0)}{\alpha}\Gamma\left(\frac{\beta}{\alpha}\right)n^{-\frac{\beta}{\alpha}} + \mathbf{O}(n^{-\frac{\beta+1}{\alpha}}). \tag{1.4.32}$$

Beweis Wir zerlegen das Integral in zwei Teile und integrieren über $(0, \varepsilon]$ und $[\varepsilon, a)$ für noch zu bestimmendes $\varepsilon > 0$. Da f auf einem Kompaktum stetig und damit beschränkt ist, folgt

$$\left|\int_\varepsilon^a s^{\beta-1} f(s)\mathrm{e}^{-ns^\alpha}\,\mathrm{d}s\right| \leq \mathrm{e}^{-(n-1)\varepsilon^\alpha}\int_0^a s^{\beta-1}|f(s)|\mathrm{e}^{-s^\alpha}\,\mathrm{d}s \in \mathbf{O}(\mathrm{e}^{-n\varepsilon^\alpha}) \tag{1.4.33}$$

und dieser Term ist ein Restterm für die zu zeigende Abschätzung. Weiter gilt

$$\int_0^\varepsilon s^{\beta-1}\mathrm{e}^{-ns^\alpha}\,\mathrm{d}s = \int_0^\infty s^{\beta-1}\mathrm{e}^{-ns^\alpha}\,\mathrm{d}s + \mathbf{O}(\mathrm{e}^{-n\varepsilon^\alpha}), \tag{1.4.34}$$

und die Definition der Γ-Funktion impliziert mit der Substitution $t = ns^\alpha$, $\mathrm{d}t = n\alpha s^{\alpha-1}\,\mathrm{d}s$

$$\int_0^\infty s^{\beta-1}\mathrm{e}^{-ns^\alpha}\,\mathrm{d}s = \frac{n^{-\frac{\beta}{\alpha}}}{\alpha}\int_0^\infty t^{\frac{\beta}{\alpha}-1}\mathrm{e}^{-t}\,\mathrm{d}t = \frac{n^{-\frac{\beta}{\alpha}}}{\alpha}\Gamma\left(\frac{\beta}{\alpha}\right). \tag{1.4.35}$$

Wegen

$$\left|\int_0^\varepsilon s^{\beta-1}(f(s) - f(0))\mathrm{e}^{-ns^\alpha}\right| \leq C\int_0^\varepsilon s^\beta\mathrm{e}^{-ns^\alpha}\,\mathrm{d}s \in \mathbf{O}(n^{-\frac{\beta+1}{\alpha}}) \tag{1.4.36}$$

folgt damit durch Addition der Terme die Behauptung. □

1.4.7 Beispiel Wir beschränken uns auf die Hauptterme der Entwicklungen. Es gilt

$$\int_0^\pi \sin^n t\,\mathrm{d}t \in \sqrt{\frac{2\pi}{n}} + \mathbf{O}(n^{-3/2}) \tag{1.4.37}$$

als direkte Konsequenz von Satz 1.4.4. Dazu nutzen wir, dass $\sin^n t = \exp(n \ln \sin t)$ und $t \mapsto \ln \sin t$ ein eindeutig bestimmtes Maximum im Intervall $[0, \pi]$ in $t = \frac{\pi}{2}$ mit Funktionswert 0 und zweiter Ableitung -1 besitzt. Vergleiche dazu auch Abb. 1.3.

[10] George Neville Watson, 1886–1965.

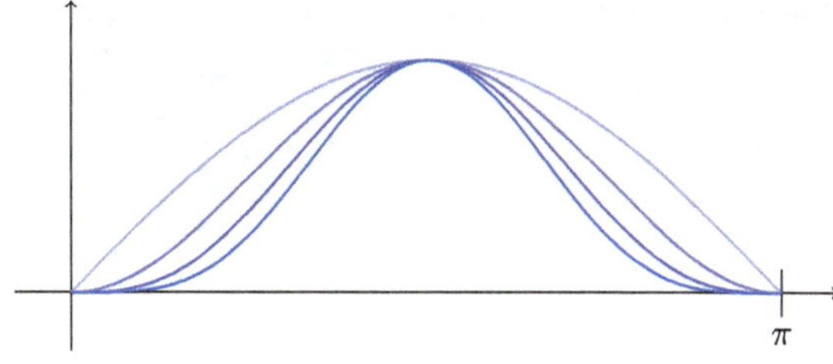

Abb. 1.3 Die Funktionen $t \mapsto \sin^n t$ aus Beispiel 1.4.7 für $n \in \{1, \ldots, 4\}$

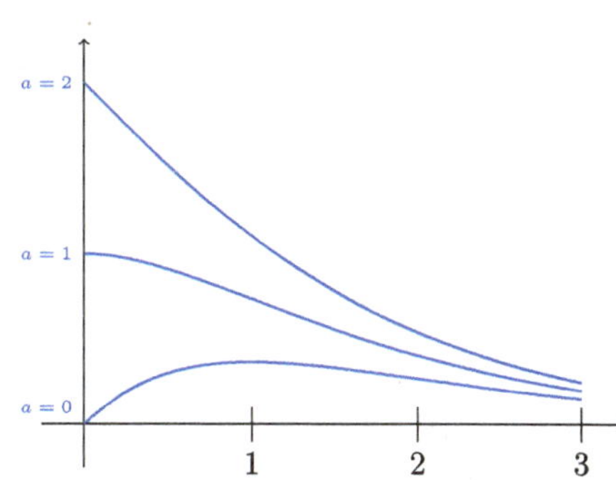

Abb. 1.4 Der Integrand aus Beispiel 1.4.8 für $a \in \{0, 1, 2\}$ und $n = 1$

1.4.8 Beispiel Analog ergibt sich

$$\int_0^\infty (t+a)^n \mathrm{e}^{-nt}\, \mathrm{d}t \in \begin{cases} \mathrm{e}^{(a-1)n}\big(\sqrt{\frac{2\pi}{n}} + \mathbf{O}(n^{-3/2})\big), & a < 1, \\ \sqrt{\frac{\pi}{2n}} + \mathbf{O}(n^{-1}), & a = 1, \\ a^n\big(\frac{a-1}{an} + \mathbf{O}(n^{-2})\big), & a > 1, \end{cases} \tag{1.4.38}$$

je nach Wahl des reellen Parameters $a \in \mathbb{R}$. Das Nachrechnen überlassen wir dem Leser. Grund für die Fallunterscheidung ist die Lage des Maximums der Funktion, siehe Abb. 1.4.

1.5 Erzeugendenfunktionen

1.5.1 Es bezeichne $\mathbb{F}^{\mathrm{pot}} \subset \mathbb{F}$ die Menge aller $a : \mathbb{N}_0 \to \mathbb{C}$ mit

$$\frac{1}{\rho(a)} = \limsup_{n\to\infty} \sqrt[n]{|a_n|} < \infty. \tag{1.5.1}$$

Dann betrachten wir die zu a assoziierte *Erzeugendenfunktion*

$$\mathscr{G}_a(z) = \sum_{n=0}^{\infty} a_n z^n, \qquad |z| < \rho(a). \tag{1.5.2}$$

Diese ist nach Konstruktion analytisch in der Kreisscheibe $B_{\rho(a)} = \{z \in \mathbb{C} : |z| < \rho(a)\}$ und enthält alle Informationen über die Folge a_n. So gilt

$$a_n = \frac{1}{n!} \frac{\mathrm{d}^n}{\mathrm{d}z^n} \mathscr{G}_a(z)\bigg|_{z=0}, \tag{1.5.3}$$

sowie nach den Formeln von Cauchy (A.2.7)[11]

$$a_n = \frac{1}{2\pi \mathrm{i}} \oint_\Gamma \frac{\mathscr{G}_a(z)}{z^{n+1}}\, \mathrm{d}z \tag{1.5.4}$$

für jeden im Innern der Kreisscheibe $B_{\rho(a)}$ verlaufenden Weg Γ mit Windungszahl 1 um den Ursprung. Mitunter ist es möglich, die Erzeugendenfunktion einer interessanten (und nicht explizit bekannten) Folge direkt anzugeben.

1.5.2 Beispiel Zur Vorbereitung ein Beispiel. Zu $\alpha \in \mathbb{C}$ und $k \in \mathbb{N}_0$ bezeichne

$$(\alpha)_k = \prod_{j=0}^{k-1} (\alpha - j) = \alpha(\alpha - 1) \cdots (\alpha - k + 1) \tag{1.5.5}$$

zusammen mit $(\alpha)_0 = 1$ das *Pochhammer-Symbol*[12]. Offenbar gilt

$$(\alpha)_k = \lim_{z \to 0} \frac{\mathrm{d}^k}{\mathrm{d}z^k} (1 + z)^\alpha \tag{1.5.6}$$

für alle $\alpha \in \mathbb{C}$ und $k \in \mathbb{N}$. Das Pochhammer-Symbol erlaubt es, verallgemeinerte Binomialkoeffizienten

$$\binom{\alpha}{k} = \frac{(\alpha)_k}{k!} \tag{1.5.7}$$

zu definieren. Die Erzeugendenfunktion zu dieser Folge ist durch

$$G(z) = \sum_{k=0}^{\infty} \binom{\alpha}{k} z^k \tag{1.5.8}$$

gegeben und besitzt mindestens den Konvergenzradius 1. Wegen (1.5.6) gilt der allgemeine binomische Satz. Er geht auf Newton[13] für reelles α und Abel[14] für komplexes α zurück.

[11] Augustin-Louis Cauchy, 1789–1857.
[12] Leo August Pochhammer, 1841–1920.
[13] Isaac Newton, 1643–1727.
[14] Niels Henrik Abel, 1802–1829.

Lemma (Newton–Abel). *Sei $\alpha \in \mathbb{C}$ beliebig. Dann gilt*

$$\sum_{k=0}^{\infty} \binom{\alpha}{k} z^k = (1+z)^\alpha, \qquad |z| < 1. \tag{1.5.9}$$

Insbesondere gilt damit

$$\binom{\alpha}{k} = \frac{1}{2\pi \mathrm{i}} \oint_\Gamma \frac{(1+z)^\alpha}{z^{k+1}} \,\mathrm{d}z \tag{1.5.10}$$

für jeden Weg Γ in der Einheitskreisscheibe der den Ursprung einmal positiv umläuft.

1.5.3 Definition Seien $a, b \in \mathbb{F}$. Dann bezeichnet $a \bullet b$ definiert durch

$$(a \bullet b)_n = \sum_{k=0}^{n} a_k b_{n-k} \tag{1.5.11}$$

das *Cauchyprodukt* der Folgen a und b.

1.5.4 Proposition *Seine $a, b \in \mathbb{F}^{\mathrm{pot}}$. Dann gilt $a \bullet b \in \mathbb{F}^{\mathrm{pot}}$ mit $\rho(a \bullet b) \geq \min\{\rho(a), \rho(b)\}$ sowie*

$$\mathscr{G}_{a\bullet b}(z) = \mathscr{G}_a(z)\mathscr{G}_b(z), \qquad |z| \leq \min\{\rho(a), \rho(b)\}. \tag{1.5.12}$$

Beweis Der Beweis erfolgt durch direktes Nachrechnen. Es gilt

$$\mathscr{G}_a(z)\mathscr{G}_b(z) = \left(\sum_{k=0}^{\infty} a_k z^k\right)\left(\sum_{\ell=0}^{\infty} b_\ell z^\ell\right) = \sum_{n=0}^{\infty} z^n \left(\sum_{k+\ell=n} a_k b_\ell\right) = \mathscr{G}_{a\bullet b}(z) \tag{1.5.13}$$

unter Ausnutzung der absoluten und gleichmäßigen Konvergenz der Potenzreihen im Inneren des Konvergenzradius. Die Behauptung folgt. □

Sei im Folgenden $\boldsymbol{\varepsilon}$ die Folge mit $\boldsymbol{\varepsilon}_0 = 1$ und $\boldsymbol{\varepsilon}_n = 0$ für $n \in \mathbb{N}$. Dann gilt $\mathscr{G}_{\boldsymbol{\varepsilon}}(z) = 1$.

1.5.5 Korollar *Die Menge $\mathbb{F}^{\mathrm{pot}}$ bildet zusammen mit der Multiplikation $\bullet$ und der Skalarmultiplikation mit komplexen Zahlen eine $\mathbb{C}$-Algebra mit Eins $\boldsymbol{\varepsilon}$. Ein Element $a \in \mathbb{F}^{\mathrm{pot}}$ ist genau dann bezüglich $\bullet$ invertierbar, wenn $a_0 \neq 0$ gilt und die Inverse b mit $a \bullet b = \boldsymbol{\varepsilon} = b \bullet a$ erfüllt*

$$\mathscr{G}_b(z) = \frac{1}{\mathscr{G}_a(z)}, \tag{1.5.14}$$

also

$$b_n = \frac{1}{2\pi \mathrm{i}} \oint_\Gamma \frac{1}{z^{n+1}\mathscr{G}_a(z)} \,\mathrm{d}z = \frac{1}{a_0 n!} \lim_{z\to 0} \frac{\mathrm{d}^n}{\mathrm{d}z^n} \sum_{k=0}^{n} \left(-\sum_{j=1}^{n} \frac{a_j}{a_0} z^j\right)^k. \tag{1.5.15}$$

Da $\mathcal{G}_a(z) \neq 0$ für z in einer Umgebung von $z = 0$ ist $\mathcal{G}_b(z)$ holomorph und damit durch eine Potenzreihe darstellbar. Die Koeffizienten ergeben sich aus der Integralformel von Cauchy (A.2.7) als Kurvenintegral. Einfacher zu berechnen sind sie aber unter Ausnutzung der geometrischen Reihe direkt, es gilt

$$\mathcal{G}_b(z) = \frac{1}{a_0}\left(1 + \sum_{j=1}^{\infty} \frac{a_j}{a_0} z^j\right)^{-1} = \frac{1}{a_0}\left(1 + \sum_{k=1}^{\infty}\left(-\sum_{j=1}^{\infty} \frac{a_j}{a_0} z^j\right)^k\right) \tag{1.5.16}$$

und zur Berechnung von b_n genügen wie angegeben die ersten n Folgenglieder von a.

1.5.6 Proposition *Seien $S_- : \mathbb{F}^{\mathrm{pot}} \to \mathbb{F}^{\mathrm{pot}}$ definiert durch $(S_-a)_n = a_{n+1}$ und $(S_+a)_n = a_{n-1}$ für $n \geq 1$ sowie $(S_+a)_0 = 0$. Sei weiter $D : \mathbb{F}^{\mathrm{pot}} \to \mathbb{F}^{\mathrm{pot}}$ definiert durch $(Da)_n = na_n$. Dann gilt $\rho(S_\pm a) = \rho(Da) = \rho(a)$ sowie*

$$\begin{aligned}
\mathcal{G}_{S_-a}(z) &= \sum_{n=0}^{\infty} a_{n+1} z^n = \frac{\mathcal{G}_a(z) - \mathcal{G}_a(0)}{z}, \\
\mathcal{G}_{S_+a}(z) &= \sum_{n=1}^{\infty} a_{n-1} z^n = z\mathcal{G}_a(z), \\
\mathcal{G}_{Da}(z) &= \sum_{n=0}^{\infty} n a_n z^n = z\frac{\mathrm{d}}{\mathrm{d}z}\mathcal{G}_a(z).
\end{aligned} \tag{1.5.17}$$

1.5.7 Beispiel (Erzeugendenfunktion der Fibonacci[15]-Folge). Die *Fibonacci-Folge* f_n ist durch die Rekursionsvorschrift

$$f_{n+2} = f_{n+1} + f_n, \tag{1.5.18}$$

zusammen mit den Anfangswerten $f_0 = 0$ und $f_1 = 1$ bestimmt. Offenbar gilt $f_n \leq 2^n$ für alle n und die Fibonacci-Folge besitzt eine Erzeugendenfunktion $G(z)$. Diese erfüllt aufgrund der Rekursion $S_-S_-f = S_-f + f$ die Gleichung

$$\frac{\frac{G(z)}{z} - 1}{z} = \frac{G(z)}{z} + G(z) \tag{1.5.19}$$

unter Ausnutzung von $G(0) = 0$ und $G'(0) = 1$. Das kann man nach $G(z)$ umstellen und erhält

$$(z^2 + z - 1)G(z) = -z, \qquad G(z) = \frac{z}{1 - z - z^2}. \tag{1.5.20}$$

[15] Leonardo von Pisa, genannt Fibonacci, 1170–1240.

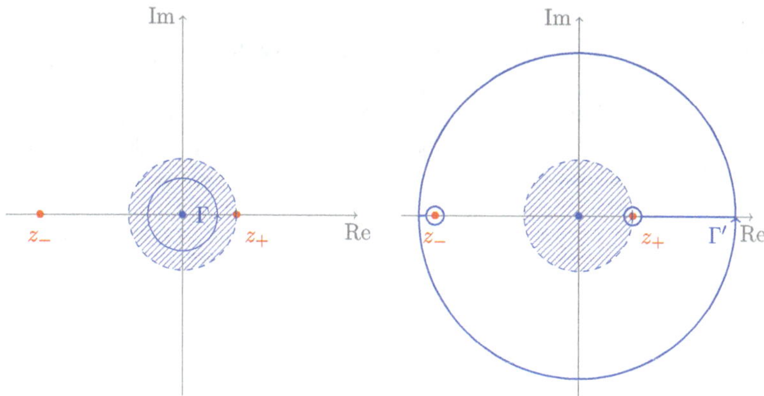

Abb. 1.5 Zum Beweis der Formel von Moivre–Binet

1.5.8 Beispiel (Explizite Darstellung der Fibonacci-Folge). Man kann die soeben gewonnene Erzeugendenfunktion der Fibonacci-Folge nutzen, um eine explizite Darstellung zu erhalten. Dazu verschieben wir den Integrationsweg Γ um den Pol im Ursprung in

$$f_n = \frac{1}{2\pi \mathrm{i}} \oint_\Gamma \frac{G(z)}{z^{n+1}} \,\mathrm{d}z = \frac{1}{2\pi \mathrm{i}} \oint_\Gamma \frac{1}{z^n(1-z-z^2)} \,\mathrm{d}z \tag{1.5.21}$$

wie in Abb. 1.5 dargestellt ins Unendliche und nutzen den Residuensatz A.2.8 für die dabei überstrichenen Pole der Erzeugendenfunktion. Diese liegen bei den Punkten $z_\pm$

$$z^2 + z - 1 = (z - z_+)(z - z_-), \qquad z_\pm = -\frac{1}{2} \pm \frac{\sqrt{5}}{2} \tag{1.5.22}$$

und haben die Residuen

$$\frac{1}{z_-^n(z_+ - z_-)} = \frac{(1+z_-)^n}{z_+ - z_-}, \qquad \frac{1}{z_+^n(z_- - z_+)} = \frac{(1+z_+)^n}{z_- - z_+}. \tag{1.5.23}$$

Damit gilt

$$\begin{aligned} f_n &= \frac{1}{2\pi \mathrm{i}} \oint_\Gamma \frac{1}{z^n(1-z-z^2)} \,\mathrm{d}z \\ &= -\operatorname{Res}_{z=z_+}\left(\frac{1}{z^n(1-z-z^2)}\right) - \operatorname{Res}_{z=z_-}\left(\frac{1}{z^n(1-z-z^2)}\right) \\ &= \frac{1}{z_+ - z_-}\left((1+z_+)^n - (1+z_-)^n\right) = \frac{1}{\sqrt{5}}\left(\left(\frac{1+\sqrt{5}}{2}\right)^n - \left(\frac{1-\sqrt{5}}{2}\right)^n\right) \end{aligned} \tag{1.5.24}$$

Diese explizite Formel geht auf Moivre[16] und Binet[17] zurück. Die Residuen werden subtrahiert, da die Pole im Uhrzeigersinn umlaufen werden.

1.5.9 Sei $\Omega \subset \mathbb{C}$ ein Gebiet in der komplexen Zahlenebene. Dann bezeichne $\mathcal{A}(\Omega)$ den Ring der holomorphen Funktionen $\Omega \to \mathbb{C}$ und $\mathcal{M}(\Omega)$ seinen Quotientenkörper, also den Körper der meromorphen Funktionen $\Omega \to \widehat{\mathbb{C}} = \mathbb{C} \cup \{\infty\}$. Sei weiter $B_\rho = \{z \in \mathbb{C} \,:\, |z| \leq \rho\}$.

Die Zuordnung der Erzeugendenfunktion definiert damit eine Abbildung

$$\mathbb{F}^{\mathrm{pot}} \ni a \mapsto \mathscr{G}_a \in \bigcup_{\rho>0} \mathcal{A}(B_\rho). \tag{1.5.25}$$

Betrachtet man zusätzlich asymptotisches Verhalten der Folge a, so ergibt sich etwas mehr. Einerseits gilt $\rho((\rho^{-n})_{n\in\mathbb{N}}) = \rho$ und damit

$$\mathbf{O}((\rho^{-n})_{n\in\mathbb{N}_0}) \ni a \mapsto \mathscr{G}_a \in \mathcal{A}(B_\rho), \tag{1.5.26}$$

andererseits impliziert $\rho(a) > \rho$ schon $a \in \mathcal{O}((\rho^{-n})_{n\in\mathbb{N}_0})$. Es besteht ein Zusammenhang zwischen gewissen asymptotischen Entwicklungen und einer meromorphen Fortsetzung der Erzeugendenfunktion über den Konvergenzkreis $B_{\rho(a)}$ hinaus.

1.5.10 Satz *Sei $a \in \mathbb{F}^{\mathrm{pot}}$. Dann sind die folgenden zwei Aussagen äquivalent.*

(1) *Die Erzeugendenfunktion $\mathscr{G}_a \in \mathcal{M}(B_\rho)$ ist meromorph mit Polen in Punkten $z_j \in B_\rho$ mit Ordnungen $\nu_j \geq 1$ für $j = 1, \ldots, k$ und*

$$\mathscr{G}_a(z) = \sum_{j=1}^{k} \sum_{\ell=1}^{\nu_j} (-1)^\ell \frac{\alpha_{j,\ell}}{(z - z_j)^\ell} \mod \mathcal{A}(B_\rho). \tag{1.5.27}$$

(2) *Für die Folge*

$$\tilde{a} = \left(a_n + \sum_{j=1}^{k} z_j^{-n} \sum_{\ell=1}^{\nu_j} \binom{n+\ell-1}{\ell-1} \frac{\alpha_{j,\ell}}{z_j^\ell} \right)_{n\in\mathbb{N}} \tag{1.5.28}$$

gilt $\rho(\tilde{a}) \geq \rho$.

Man beachte, dass

$$\binom{n+\ell-1}{\ell-1} \tag{1.5.29}$$

ein Polynom vom Grad ℓ in der Variablen n ist, während sich z_j^{-n} exponentiell verhält.

[16] Abraham de Moivre, 1667–1754.

[17] Jacques Philippe Marie Binet, 1786–1856.

Beweis Da für Folgen $\tilde{a}$ genau dann $\rho(\tilde{a}) \geq \rho$ gilt, wenn ihre Erzeugendenfunktionen zu $\mathcal{A}(B_\rho)$ gehören, genügt es die Summanden beziehungsweise Pole einzeln zu betrachten. Es gilt mit der geometrischen Summenformel

$$\frac{1}{z - z_j} = -\frac{1/z_j}{1 - z/z_j} = -\frac{1}{z_j} \sum_{n=0}^{\infty} \frac{z^n}{z_j^n}, \tag{1.5.30}$$

sowie wegen

$$(-1)^\ell \frac{(\ell - 1)!}{(z - z_j)^\ell} = \frac{\mathrm{d}^{\ell-1}}{\mathrm{d}z^{\ell-1}} \frac{1}{z - z_j} \tag{1.5.31}$$

entsprechend

$$\begin{aligned} \frac{(-1)^\ell}{(z - z_j)^\ell} &= -\frac{1}{(\ell - 1)!} \frac{1}{z_j} \sum_{n=0}^{\infty} \frac{\mathrm{d}^{\ell-1}}{\mathrm{d}z^{\ell-1}} \frac{z^n}{z_j^n} = -\frac{1}{(\ell - 1)!} \frac{1}{z_j} \sum_{n=\ell-1}^{\infty} (n)_{\ell-1} \frac{z^{n-\ell+1}}{z_j^n} \\ &= -\sum_{n=0}^{\infty} \binom{n + \ell - 1}{\ell - 1} \frac{z^n}{z_j^{n+\ell}}. \end{aligned} \tag{1.5.32}$$

Addition aller dieser Terme liefert die Behauptung. □

1.5.11 Beispiel Wir wollen dies anwenden und das asymptotische Verhalten von Lösungen inhomogener Rekursionsgleichungen

$$\sum_{\ell=0}^{k} \mu_\ell a_{n+\ell} = b_n \tag{1.5.33}$$

zu gegebener Folge $b = (b_n)_{n \in \mathbb{N}_0} \in \mathbb{F}^{\mathrm{pot}}$ und gegebenen Koeffizienten $\mu_\ell \in \mathbb{C}$ betrachten. Wir nehmen an, dass der Konvergenzradius $\rho(b)$ hinreichend groß ist und betrachten die zugeordneten Erzeugendenfunktionen

$$F(z) = \sum_{n=0}^{\infty} a_n z^n, \qquad G(z) = \sum_{n=0}^{\infty} b_n z^n. \tag{1.5.34}$$

Für F ist noch zu zeigen, dass diese existiert. Die Rekursionsgleichung impliziert nun

$$G(z) = \sum_{n=0}^{\infty} b_n z^n = \sum_{\ell=0}^{k} \mu_\ell z^{-\ell} \sum_{n=0}^{\infty} z^{n+\ell} a_{n+\ell} = \sum_{\ell=0}^{k} \mu_\ell z^{-\ell} \big(F(z) - \sum_{n=0}^{\ell-1} z^n a_n\big) \tag{1.5.35}$$

und damit

$$\left(\sum_{\ell=0}^{k} \mu_\ell z^{k-\ell} \right) F(z) = z^k G(z) + \sum_{n=0}^{k-1} a_n \sum_{\ell=n+1}^{k} \mu_\ell z^{n+k-\ell}, \tag{1.5.36}$$

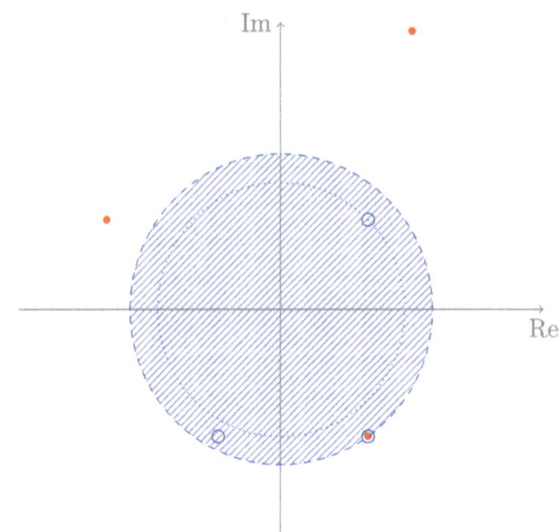

Abb. 1.6 Zur Asymptotik rekursiv definierter Folgen. In rot dargestellt sind die Polstellen von $G(z)$, in blauen Kreisen die Nullstellen von $p(z)$. In der Skizze fällt eine der Nullstellen von $p(z)$ mit einem Pol von $G(z)$ zusammen. Durch Wahl von Anfangsbedingungen kann man die asymptotischen Terme, welche zu den Nullstellen gehören (blaue Kreise), beeinflussen und gegebenenfalls ganz kürzen. Die asymptotischen Terme der rechten Seite (rote Punkte) bleiben stets erhalten

also

$$p(z)F(z) = z^k G(z) + \sum_{n=0}^{k-1} a_n q_n(z) \tag{1.5.37}$$

mit Polynomen $p(z)$ vom Grad k sowie $q_n(z)$ vom Grad $k-1$ in der Variablen z. Wir können annehmen an, dass $p(0) \neq 0$ gilt (sonst ist die Rekursion von niedrigerer Ordnung) und folgern, dass dann in einer Umgebung von $z = 0$ die Funktion $F(z)$ holomorph ist und durch

$$F(z) = \frac{z^k G(z)}{p(z)} + \sum_{n=0}^{k-1} a_n \frac{q_n(z)}{p(z)}. \tag{1.5.38}$$

gegeben ist. Diese Funktion ist auf dem Konvergenzkreis von G meromorph, das asymptotische Verhalten wird durch die im Inneren liegenden Pole (also die Nullstellen von $p(z)$) bestimmt. Besitzt auch G eine meromorphe Fortsetzung über den Konvergenzkreis, so ergeben sich weitere asymptotische Terme. Siehe dazu auch Abb. 1.6.

1.5.12 Erzeugendenfunktionen sind eng mit der additiven Struktur der natürlichen Zahlen verbunden. Dies hat man bei Rekursionsgleichungen gesehen, wird aber insbesondere bei Problemen der additiven Zahlentheorie deutlich. Wir skizzieren nur eines und bezeichnen zu einer natürlichen Zahl $n \in \mathbb{N}$ die Anzahl der wesentlich verschiedenen Möglichkeiten, die Zahl als Summe natürlicher Zahlen zu schreiben, als *Zerfällungszahl* p_n. So gilt

$$\begin{aligned} 5 &= 4+1 = 3+2 = 3+1+1 = 2+2+1 \\ &= 2+1+1+1 = 1+1+1+1+1 \end{aligned} \tag{1.5.39}$$

und damit $p_5 = 7$. Wir setzen ebenso $p_0 = 1$. Zerfällungszahlen erfüllen keine offensichtliche Rekursionsgleichung, allerdings existiert eine explizite Formel für ihre Erzeugendenfunktion.

Lemma (Euler). *Es gilt*

$$P(z) = \sum_{n=0}^{\infty} p_n z^n = \prod_{k=1}^{\infty} \frac{1}{1-z^k} = \prod_{k=1}^{\infty} \sum_{\ell=0}^{\infty} z^{k\ell}, \qquad |z| < 1. \tag{1.5.40}$$

Beweis Wir bezeichnen mit $p_{m,n}$ die Anzahl der Zerlegungen in Summanden kleiner oder gleich m. Dann gilt

$$\begin{aligned} P_m(z) &= \sum_{n=0}^{\infty} p_{m,n} z^n \\ &= (1 + z + z^2 + \cdots)(1 + z^2 + z^4 + \cdots) \cdots (1 + z^m + z^{2m} + \cdots) \\ &= \prod_{k=1}^{m} \sum_{\ell=0}^{\infty} z^{k\ell}, \end{aligned} \tag{1.5.41}$$

der k-te Faktor zählt die Anzahl der Summanden k in der Zerlegung. Offenbar gilt $p_{m,n} \le p_n$ und alle auftretenden Reihen sind für $|z| < 1$ absolut konvergent. Also ist Umordnen erlaubt. Darüberhinaus ist $p_{m,n} \nearrow p_n$ monoton wachsend und $p_{m,n} = p_n$ für $m \ge n$. Weiter konvergiert das unendliche Produkt $P(z) = \prod_{k=1}^{\infty} \frac{1}{1-z^k}$ für alle reellen $z \in [0, 1)$ und es folgt

$$\sum_{n=0}^{m} p_n z^n \le \sum_{n=0}^{m} p_n z^n + \sum_{n=m+1}^{\infty} p_{m,n} z^n = P_m(z) \le P(z) \tag{1.5.42}$$

und damit $P_m(z) \to P(z)$. Also konvergiert die Reihe $\sum_{n=1}^{\infty} p_n z^n$ für $z \in [0, 1)$ gegen $P(z)$. Da die Koeffizienten der Reihe positiv und monoton wachsend sind, impliziert der Satz über die majorisierte Konvergenz, dass $P_m(z) \to P(z)$ lokal gleichmäßig in $|z| < 1$. □

Die Eulersche Produktformel für die Erzeugendenfunktion $P(z)$ hat eine wesentliche Singularität in $|z| = 1$, ist also nicht analytisch über den Einheitskreis hinaus fortsetzbar, vergleiche Abb.[18] 1.7. Damit hilft uns die Erzeugendenfunktion nicht zur Diskussion asymptotischen Verhaltens. Sie erlaubt allerdings die Bestimmung aller p_n.

[18] Dargestellt ist für jeden Punkt des Definitionsbereiches das Argument des Funktionswertes $\arg P(z)$ als Farbwert; Helligkeit entspricht dem Betrag. Solche Phasenportraits werden wir später noch häufiger nutzen.

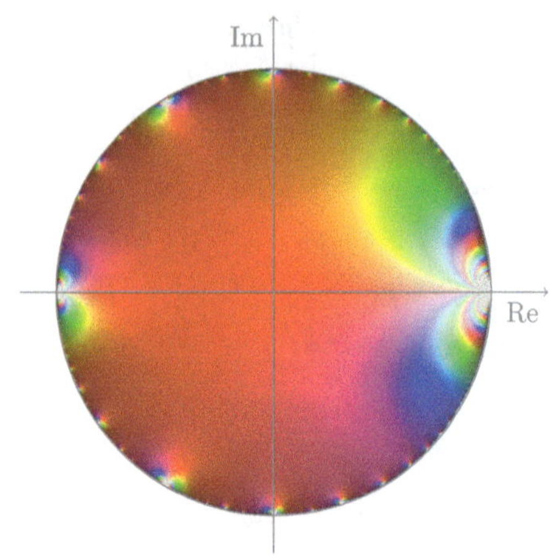

Abb. 1.7 Phasenportrait der Erzeugendenfunktion $P(z)$

1.6 Erzeugendenfunktionen vom Exponentialtyp

1.6.1 Sei $\mathbb{F}^{\exp}$ die Menge aller Folgen $a \in \mathbb{F}$ mit

$$\frac{1}{\rho_{\mathscr{E}}(a)} = \limsup_{n\to\infty} \sqrt[n]{|a_n|/n!} < \infty. \tag{1.6.1}$$

Dann betrachten wir die zu a assoziierte *Erzeugendenfunktion vom Exponentialtyp* oder exponentiell erzeugende Funktion

$$\mathscr{E}_a(z) = \sum_{n=0}^{\infty} a_n \frac{z^n}{n!}, \qquad |z| < \rho_{\mathscr{E}}(a). \tag{1.6.2}$$

Wiederum bestimmt die Erzeugendenfunktion die Folge, es gilt

$$a_n = \lim_{z\to 0} \frac{\mathrm{d}^n}{\mathrm{d}z^n} \mathscr{E}_a(z) = \frac{n!}{2\pi\mathrm{i}} \oint \frac{\mathscr{E}_a(z)}{z^{n+1}}\,\mathrm{d}z \tag{1.6.3}$$

aufgrund der Definition als Potenzreihe sowie des Residuensatzes A.2.8.

1.6.1 Definition Seien $a, b \in \mathbb{F}$. Dann bezeichnet $a \Diamond b$ definiert durch

$$(a \Diamond b)_n = \sum_{k=0}^{n} \binom{n}{k} a_k b_{n-k} \tag{1.6.4}$$

die *Kombination* der Folgen a und b.

1.6.2 Proposition *Seien $a, b \in \mathbb{F}^{\exp}$. Dann gilt $a \Diamond b \in \mathbb{F}^{\exp}$ mit*

$$\rho_{\mathscr{E}}(a \Diamond b) \geq \min\{\rho_{\mathscr{E}}(a), \rho_{\mathscr{E}}(b)\} \tag{1.6.5}$$

sowie

$$\mathscr{E}_{a \Diamond b}(z) = \mathscr{E}_a(z)\mathscr{E}_b(z), \qquad |z| \leq \rho_{\mathscr{E}}(a \Diamond b). \tag{1.6.6}$$

Damit wird $\mathbb{F}^{\exp}$ mit der Multiplikation $\Diamond$ zu einer $\mathbb{C}$-Algebra mit Einselement $\boldsymbol{\varepsilon}$. Weiter ist $a \in \mathbb{F}^{\exp}$ genau dann bezüglich $\Diamond$ invertierbar, wenn $a_0 \neq 0$ gilt.

Erzeugendenfunktionen vom Exponentialtyp sind interessant für kombinatorische Fragestellungen. Wir betrachten dazu einige Beispiele.

1.6.4 Beispiel (Stirlingzahlen zweiter Art). Sei $S_{n,k}$ die Anzahl der Möglichkeiten eine n-elementige Menge in k nichtleere disjunkte Teile zu zerlegen. Dann gilt offenbar $S_{0,1} = 0$ und $S_{n,1} = 1$ für $n \geq 1$. Weiterhin gilt

$$(S_{n,k+1})_{n \in \mathbb{N}_0} = \frac{1}{k+1}(S_{n,1})_{n \in \mathbb{N}_0} \Diamond (S_{n,k})_{n \in \mathbb{N}_0}, \tag{1.6.7}$$

also

$$S_{n,k+1} = \frac{1}{k+1} \sum_{\ell=1}^{n} \binom{n}{\ell} S_{\ell,k}, \tag{1.6.8}$$

da man zum Zerlegen in $k+1$ Teile zuerst ℓ Elemente auswählen und dann den Rest in k Teile zerlegen kann. Dabei ist zu beachten, dass jedes der $k+1$ Teile als erstes ausgewählt werden kann, wir also alle Zerlegungen $(k+1)$-fach gezählt haben. Also folgt für die exponentiell erzeugende Funktion $E_k(z)$ der Folge $(S_{n,k})_{n \in \mathbb{N}_0}$

$$E_1(z) = \mathrm{e}^z - 1, \qquad E_k(z) = \frac{1}{k!}\left(\mathrm{e}^z - 1\right)^k. \tag{1.6.9}$$

Damit kann man die Zahlen $S_{n,k}$ explizit angeben, es gilt

$$S_{n,k} = \frac{1}{k!} \lim_{z \to 0} \frac{\mathrm{d}^n}{\mathrm{d}z^n} \left(\mathrm{e}^z - 1\right)^k = \frac{n!}{k!} \frac{1}{2\pi \mathrm{i}} \oint_{\Gamma} \frac{(\mathrm{e}^z - 1)^k}{z^{n+1}} \, \mathrm{d}z. \tag{1.6.10}$$

Man sieht deutlich, dass $S_{n,k} = 0$ für alle $k > n$.

1.6.5 Beispiel (Bellsche[19] Zahlen). Die Anzahl der Partitionen einer Menge von n Elementen wird als die Bellsche Zahl B_n bezeichnet. Wegen $B_0 = 1$ und

$$B_n = \sum_{k=1}^{n} S_{n,k} = \sum_{k=1}^{\infty} S_{n,k}, \qquad n \geq 1, \tag{1.6.11}$$

[19] Eric Temple Bell, 1883–1960.

gilt für die zugeordnete exponentielle erzeugende Funktion

$$E(z) = \sum_{n=0}^{\infty} B_n \frac{z^n}{n!} = 1 + \sum_{k=1}^{\infty}\sum_{n=1}^{\infty} S_{n,k}\frac{z^n}{n!} = \sum_{k=0}^{\infty} \frac{1}{k!}\left(\mathrm{e}^z - 1\right)^k = \mathrm{e}^{\mathrm{e}^z-1}. \quad (1.6.12)$$

Also folgt für die Bellschen Zahlen

$$B_n = \lim_{z\to 0} \frac{\mathrm{d}^n}{\mathrm{d}z^n}\mathrm{e}^{\mathrm{e}^z-1} = \frac{n!}{2\pi\mathrm{i}}\oint_\Gamma \frac{\mathrm{e}^{\mathrm{e}^z-1}}{z^{n+1}}\,\mathrm{d}z. \quad (1.6.13)$$

1.6.6 Beispiel (Stirlingzahlen erster Art). Sei $s_{n,k}$ die Anzahl der Permutationen von n Elementen, welche genau k Zykel besitzen. Es gilt $s_{n,k} = 0$ für $k > n$ und $s_{n,n} = 1$. Darüberhinaus gibt es genau $(n-1)!$ Permutationen mit einem Zykel (da man ja die Reihenfolge der Zykelelemente permutieren kann, aber jeden Zykel dabei n-fach zählt). Damit gilt für die exponentiell erzeugende Funktion $\tilde{E}_1(z)$ von $s_{n,1} = (n-1)!$

$$\tilde{E}_1(z) = \sum_{n=0}^{\infty} s_{n,1}\frac{z^n}{n!} = \sum_{n=1}^{\infty}\frac{z^n}{n} = -\ln(1-z), \qquad |z| < 1. \quad (1.6.14)$$

Weiter gilt

$$(s_{n,k+1})_{n\in\mathbb{N}_0} = \frac{1}{k+1}(s_{n,1})_{n\in\mathbb{N}_0} \Diamond (s_{n,k})_{n\in\mathbb{N}_0}, \quad (1.6.15)$$

also

$$s_{n,k+1} = \frac{1}{k+1}\sum_{\ell=1}^{n}\binom{n}{\ell}(\ell-1)!\,s_{n-\ell,k} = \frac{1}{k+1}\sum_{\ell=1}^{n}\frac{1}{\ell}\frac{n!}{(n-\ell)!}s_{n-\ell,k}, \quad (1.6.16)$$

da wir $n!/(n-\ell)!$ Möglichkeiten haben ein ℓ-Tupel aus n Elementen als ersten Zykel auszuwählen, diesen dabei aber ℓ-fach zählen und $s_{n-\ell,k}$ Möglichkeiten haben, die verbleibenden $n-\ell$ Elemente mit k Zykeln zu permutieren. Da wir $k+1$ mögliche Wahlen erster Zykel haben, haben wir insgesamt jede Permutation $k+1$ fach gezählt. Also folgt für die exponentiell erzeugende Funktion $\tilde{E}_k(z)$ der Folge $(s_{n,k})_{n\in\mathbb{N}_0}$

$$\tilde{E}_k(z) = \frac{1}{k!}\left(\ln\left(\frac{1}{1-z}\right)\right)^k, \qquad |z| < 1, \quad (1.6.17)$$

und damit die explizite Darstellung der Stirlingzahlen erster Art

$$s_{n,k} = \frac{1}{k!}\lim_{z\to 0}\frac{\mathrm{d}^n}{\mathrm{d}z^n}\left(\ln\left(\frac{1}{1-z}\right)\right)^k = \frac{n!}{k!}\frac{1}{2\pi\mathrm{i}}\oint_\Gamma \frac{(-\ln(1-z))^k}{z^{n+1}}\,\mathrm{d}z. \quad (1.6.18)$$

1.6.7 (Borelkorrespondenz). Erzeugendenfunktionen und exponentiell erzeugende Funktionen sind eng miteinander verbunden.

$$\begin{array}{ccc} \mathbb{F}^{\text{pot}} \ni a & \longrightarrow & \mathcal{G}_a(z) = \sum_{n=0}^{\infty} a_n z^n, \quad z \in B_{\rho(a)} \\ \downarrow \subset & & \uparrow ? \\ \mathbb{F}^{\text{exp}} \ni a & \longrightarrow & \mathcal{E}_a(z) = \sum_{n=0}^{\infty} a_n \frac{z^n}{n!}, \quad z \in \mathbb{C} \end{array}$$

Da offenbar $\mathbb{F}^{\text{pot}} \subset \mathbb{F}^{\text{exp}}$, kann man jeder Folge $a \in \mathbb{F}$ mit $\rho = \rho(a) < \infty$ neben einer Erzeugendenfunktion $\mathcal{G}_a \in \mathcal{A}(B_\rho)$ eine (nun sogar ganze) exponentiell erzeugende Funktion $\mathcal{E}_a \in \mathcal{A}(\mathbb{C})$ zuordnen.

Satz (Borel[20]). *Sei $a \in \mathbb{F}^{\text{pot}}$ und seien $\mathcal{G}_a \in \mathcal{A}(B_{\rho(a)})$ die zugeordnete Erzeugendenfunktion sowie $\mathcal{E}_a \in \mathcal{A}(\mathbb{C})$ die zugeordnete expenonentiell erzeugende Funktion. Dann gilt*

$$\mathcal{G}_a(z) = \int_0^\infty \mathrm{e}^{-t} \mathcal{E}_a(zt)\,\mathrm{d}t, \qquad |z| \le \rho(a). \tag{1.6.19}$$

Beweis Wir zerlegen den Beweis in drei Schritte. *Schritt 1.* Für $0 < r < \rho(a)$ gilt mit der Cauchyschen Formel (A.2.7)

$$a_n = \frac{1}{2\pi \mathrm{i}} \int_{|z|=r} \frac{\mathcal{G}_a(z)}{z^{n+1}}\,\mathrm{d}z \tag{1.6.20}$$

die Abschätzung

$$|a_n| \le \frac{1}{r^n} \max_{|z|=r} |\mathcal{G}_a(z)| = \frac{M_r}{r^n} \tag{1.6.21}$$

und damit

$$|\mathcal{E}_a(z)| = \left| \sum_{n=0}^{\infty} a_n \frac{z^n}{n!} \right| \le M_r \sum_{n=0}^{\infty} \frac{1}{n!} \left(\frac{|z|}{r} \right)^n = M_r \exp\left(\frac{|z|}{r} \right) \tag{1.6.22}$$

und analog für alle Ableitungen

$$|\mathcal{E}_a^{(k)}(z)| = \left| \sum_{n=0}^{\infty} a_{n+k} \frac{z^n}{n!} \right| \le \frac{M_r}{r^k} \exp\left(\frac{|z|}{r} \right). \tag{1.6.23}$$

Schritt 2. Abschätzung auftretender Integrale. Es gilt

$$\begin{aligned} \left| \int_0^\infty \mathrm{e}^{-t} \mathcal{E}_a^{(k)}(zt)\,\mathrm{d}t \right| &\le \int_0^\infty \mathrm{e}^{-t} |\mathcal{E}_a^{(k)}(zt)|\,\mathrm{d}t \\ &\le \frac{M_r}{r^k} \int_0^\infty \mathrm{e}^{-(1-|z|/r)t}\,\mathrm{d}t = \frac{M_r}{r^k} \frac{r}{r-|z|} \end{aligned} \tag{1.6.24}$$

[20] Émile Borel, 1871–1956.

für alle $|z| < r$. Damit konvergiert

$$\int_0^\infty \mathrm{e}^{-t} \mathscr{E}_a^{(k)}(zt)\,\mathrm{d}t \tag{1.6.25}$$

für jedes $|z| < \rho(a)$ und jedes $k \in \mathbb{N}_0$ absolut.
Schritt 3. Partielles Integrieren liefert für jedes $N \in \mathbb{N}_0$ die Darstellung

$$\begin{aligned}\int_0^\infty \mathrm{e}^{-t} \mathscr{E}_a(zt)\,\mathrm{d}t &= -\mathrm{e}^{-t} \mathscr{E}_a(zt)\Big|_{t=0}^{\infty} + z \int_0^\infty \mathrm{e}^{-t} \mathscr{E}_a'(zt)\,\mathrm{d}t \\ &\;\vdots \\ &= \sum_{n=0}^{N-1} a_n z^n + z^N \int_0^\infty \mathrm{e}^{-t} \mathscr{E}_a^{(N)}(zt)\,\mathrm{d}t.\end{aligned} \tag{1.6.26}$$

Die Resttermabschätzung mit (1.6.24) liefert

$$\left| \int_0^\infty \mathrm{e}^{-t} \mathscr{E}_a(zt)\,\mathrm{d}t - \sum_{n=0}^{N-1} a_n z^n \right| \leq \left(\frac{|z|}{r} \right)^N \frac{M_r r}{r - |z|} \to 0, \qquad N \to \infty, \tag{1.6.27}$$

lokal gleichmäßig in $|z| < r$. □

1.7 Die Methode des steilsten Abstiegs

Wir fragen uns, wie sich die Stirlingschen und die Bellschen Zahlen für $n \to \infty$ verhalten. Dazu nutzen wir die Darstellungen als komplexe Kurvenintegrale und wählen optimale Integrationswege zur Abschätzung ihrer Größe. Die Methode geht in dieser (komplexen) Form auf Riemann[21] und Debye[22] zurück und verallgemeinert die reelle Methode von Laplace (Abb. 1.9).

1.7.1 Vorbereitend betrachten wir nochmals die Folge der Fakultäten $n!$ und skizzieren die wichtigsten Schritte der Methode. Es gilt

$$\frac{1}{n!} = \frac{1}{2\pi \mathrm{i}} \oint_\Gamma \frac{\mathrm{e}^z}{z^{n+1}}\,\mathrm{d}z \tag{1.7.1}$$

für jeden Weg Γ, der den Ursprung einmal positiv umläuft. Mit der Substitution nz für z ergibt sich daraus

$$\frac{1}{n!} = \frac{n^{-n}}{2\pi \mathrm{i}} \oint_\Gamma \mathrm{e}^{n(z - \ln z)} \frac{\mathrm{d}z}{z} \tag{1.7.2}$$

[21] Bernhard Riemann, 1826–1866.
[22] Peter Debye, 1884–1966.

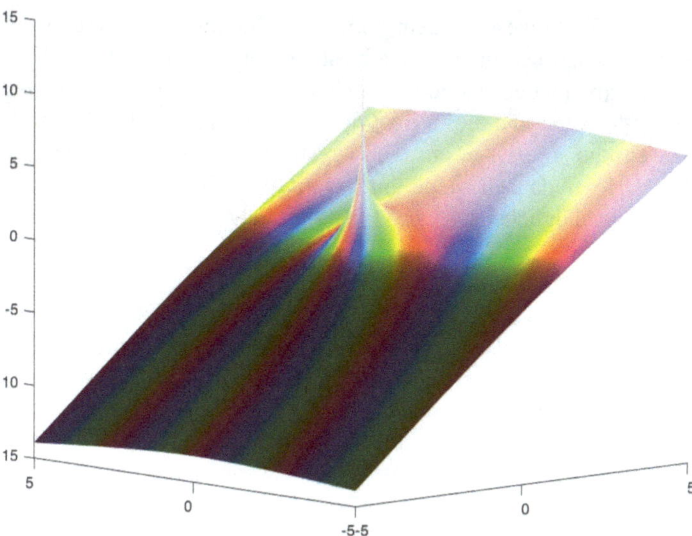

Abb. 1.8 Analytische Landschaft für $e^{2(z-\ln z)}$

Abb. 1.9 Phasenportrait für $e^{2(z-\ln z)}$

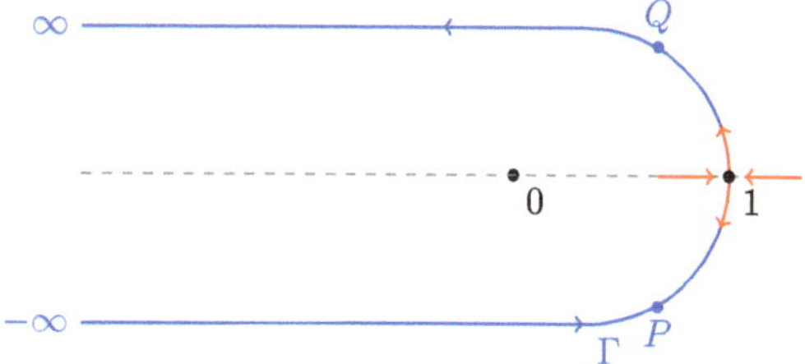

Abb. 1.10 Integrationsweg zur Berechnung von $1/n!$; die roten Pfeile geben Abstiegsrichtungen an

und es stellt sich die Frage nach dem optimal zu wählenden Integrationsweg. Die analytische Landschaft des Integranden besitzt einen Pol im Ursprung und wächst für große $\operatorname{Re} z$ exponentiell, weiterhin besitzt sie auf der positiven reellen Achse genau einen Sattelpunkt und dieser liegt in $z = 1$, vgl. Abb.[23] 1.8. Wir wählen den Integrationsweg nun so, dass er aus dem negativ Unendlichen kommend über den Sattelpunkt $z = 1$ und danach wieder ins negativ Unendliche verläuft. Weiter sollte er den Sattelpunkt möglichst steil ansteigend erreichen und steil abfallend wieder verlassen.

Es bietet sich also an, den Integrationsweg wie in Abb. 1.10 zu wählen. Sei also zum Beispiel $\Gamma = \Gamma_1 \cup \Gamma_2 \cup \Gamma_3$ der Weg parallel zur negativen reellen Achse aus dem Unendlichen kommend bis $-\mathrm{i}$, danach ein Halbkreis mit Radius 1 und parallel zur negativen Achse zurück von i ins Unendliche. Bezeichne wiederum $h(z) = z - \ln z$ den Exponenten, so gilt damit in der Nähe des Sattelpunktes $\operatorname{Im} h(z) = 0$ entlang Γ_2 und $\operatorname{Re} h(z) \le 1 - \delta$ für alle Punkte auf Γ_1 und Γ_3. Das erlaubt es, die *reelle* Methode von Laplace auf das Integral anzuwenden, und wir erhalten

$$\begin{aligned}\left|\int_{\Gamma_i} \mathrm{e}^{nh(z)} \frac{\mathrm{d}z}{z}\right| &\le \int_{\Gamma_i} \mathrm{e}^{(n-1)\operatorname{Re} h(z)} \mathrm{e}^{\operatorname{Re} h(z)} \frac{|\mathrm{d}z|}{|z|} \\ &\le \mathrm{e}^{(n-1)(1-\delta)} \int_{\Gamma_i} \mathrm{e}^{\operatorname{Re} h(z)} \frac{|\mathrm{d}z|}{|z|} \in \mathbf{O}\left(\mathrm{e}^{(1-\delta)n}\right)\end{aligned} \tag{1.7.3}$$

für $i = 1, 3$ sowie wegen $h''(1) = 1$ und mit einer geeigneten Subsitution des Integranden, welche $h(z) - h(1)$ auf $\frac{h''(1)}{2}\theta^2$ abbildet

$$\frac{1}{2\pi \mathrm{i}} \int_{\Gamma_2} \mathrm{e}^{nh(z)} \frac{\mathrm{d}z}{z} = \mathrm{e}^n \int_{-\varepsilon}^{\varepsilon} \mathrm{e}^{-\frac{n}{2}\theta^2} f(\theta)\, \mathrm{d}\theta \sim \frac{\mathrm{e}^n}{\sqrt{2\pi n}}, \tag{1.7.4}$$

was zusammengefasst wiederum die Stirlingsche Formel (1.4.29) liefert.

Wir beginnen mit einem Lemma, welches die Struktur von Sattelpunkten genauer beschreibt. Wir erlauben dabei Entartungen höherer Ordnung, diese werden später ebenso nützlich sein.

1.7.2 Lemma *Sei $h \in \mathcal{A}(\Omega)$ holomorph und gelte für ein $z_0 \in \Omega$*

$$h'(z_0) = \cdots = h^{(k-1)}(z_0) = 0 \quad \textit{und} \quad h^{(k)}(z_0) \ne 0. \tag{1.7.5}$$

Dann existieren eine offene Menge $U \subset \mathbb{C}$ mit $0 \in U$ und eine holomorphe Funktion $\varphi : U \to \Omega$ mit

$$h(\varphi(\zeta)) = h(z_0) + \frac{h^{(k)}(z_0)}{k!}\zeta^k, \qquad \zeta \in U, \tag{1.7.6}$$

sowie $\varphi(0) = z_0$, $\varphi'(0) = 1$.

[23] Dargestellt ist $\ln |f(z)|$ über der z-Ebene, gefärbt mit $\arg f(z)$ als Farbe aus dem Farbkreis. Die Helligkeit ist proportional zur Höhe.

Beweis Wir können zur Vereinfachung des Beweises annehmen, dass $z_0 = 0$ und $h(0) = 0$ gilt. Der allgemeine Fall folgt durch Verschieben der Funktionen und Addition von Konstanten. Dann gilt $0 = h(0) = h'(0) = \cdots = h^{(k-1)}(0)$ und somit

$$h(z) = h^{(k)}(0)\frac{z^k}{k!}g(z) \tag{1.7.7}$$

mit $h^{(k)}(0) \neq 0$, $g(0) = 1$ und g holomorph in einer Umgebung von $z = 0$. Damit ist aber auch

$$\psi(z) = z\sqrt[k]{g(z)} \tag{1.7.8}$$

holomorph um $z = 0$ und $\psi'(0) = \sqrt[k]{g(0)} = 1$. Also existiert eine holomorphe Inverse und mit

$$\varphi(\zeta) = \psi^{-1}(\zeta) \tag{1.7.9}$$

folgt die Behauptung. □

1.7.3 Wir betrachten nun allgemeiner Integrale der Form

$$\int_\Gamma \mathrm{e}^{nh(z)} f(z)\,\mathrm{d}z \tag{1.7.10}$$

für holomorphe Funktionen $h : \Omega \to \mathbb{C}$ und $f : \Omega \to \mathbb{C}$ und geeignet gewählte Integrationswege $\Gamma \subset \Omega$ in ihrem Definitionsbereich. Der Einfachheit halber nehmen wir an, dass $\operatorname{Re} h(z)$ am Rand des Definitionsbereichs gegen Unendlich strebt, später wird dies aber keine Rolle spielen.

Es stellt sich zuerst die Frage nach der Wahl geeigneter Integrationswege. Dazu nehmen wir vorerst an, dass der Weg Γ Punkte A und B verbindet, die in verschiedenen Komponenten von $\{z : \operatorname{Re} h(z) < c\}$ für ein $c \in \mathbb{R}$ liegen. Dann muss $|\exp(h(z))| = \exp \operatorname{Re} h(z)$ auf dem verbindenden Weg ein Maximum annehmen und wir wollen Wege so wählen, dass zumindest dieses minimal ist. Der Weg führt damit über Sattelpunkte.

Es stellt sich die Frage wie viele Möglichkeiten dafür bestehen. Die höchsten der zu passierenden Sattelpunkte sind durch die Homotopieklasse der Wege eindeutig bestimmt. Angenommen es gäbe zwei solcher Wege über verschiedene Sattelpunkte gleicher Höhe, dann wäre ihre Verkettung ein geschlossener Weg und nach dem Maximumprinzip wäre $|\exp(h(z))|$ im Inneren niedriger als die beteiligten Sattelpunkte (oder h konstant). Das aber widerspricht der Minimalität.

Wir betrachten nun einen solchen Weg und nehmen weiter ohne Beschränkung der Allgemeinheit an, dass es nur einen Sattelpunkt entlang des Weges gibt. Dann kann dieser zerlegt werden in eine kleine Umgebung Γ_1 des Sattelpunktes mit $h(z_*) = \mu$ und Teile Γ_2, auf denen

$$\operatorname{Re} h(z) \leq \operatorname{Re} \mu - \delta \tag{1.7.11}$$

mit kleinem $\delta > 0$ (abhängig von der Umgebung des Sattelpunktes) gilt. Auf letzteren erhalten wir also

$$\left|\int_{\Gamma_2} e^{nh(z)} f(z)\, dz\right| \leq e^{(n-1)(\mu-\delta)} \int_{\Gamma_2} e^{\mathrm{Re}\, h(z)} |f(z)||dz| = \mathbf{O}\left(e^{(\mathrm{Re}\,\mu-\delta)n}\right), \tag{1.7.12}$$

während erstere je nach Ordnung des Sattelpunktes mit Lemma 1.7.2 auf Integrale der Form

$$\int_{\Gamma_1} e^{nh(z)} f(z)\, dz = e^{\mu n} \int_{\tilde{\Gamma}_1} e^{n\frac{h^{(k)}(z_*)}{k!}\zeta^k} f(\varphi(\zeta))\varphi'(\zeta)\, d\zeta \tag{1.7.13}$$

führen. Diese sind aber nun von der Form, die mit der Methode von Laplace und insbesondere dem Watsonschen Lemma 1.4.6 behandelt werden können. Wählt man Wege stärksten An- und Abstiegs, also solche die zum Gradienten von Re $h(z)$ parallel sind, so ist dort Im $h(z)$ konstant (da $\nabla\mathrm{Re}\, h \perp \nabla\, \mathrm{Im}\, h$) und somit $h^{(k)}(z_*)\zeta^k$ reell (und negativ) und die asymptotische Entwicklung ergibt sich durch gliedweise Integration der Potenzreihen von $f(\varphi(\zeta))\varphi'(\zeta)$. Nach Konstruktion gilt $f(\varphi(0))\varphi'(0) = f(z_*)$ und somit folgt für den Hauptterm der Entwicklung

$$\begin{aligned}\int_{\Gamma} e^{nh(z)} f(z)\, dz &\sim \int_{\Gamma_1} e^{nh(z)} f(z)\, dz \sim e^{nh(z_*)} f(z_*) \int_{\tilde{\Gamma}_1} e^{\frac{nh^{(k)}(z_*)}{k!}\zeta^k}\, d\zeta \\ &\sim e^{nh(z_*)} f(z_*)\left(e^{i\theta_{\mathrm{aus}}} - e^{i\theta_{\mathrm{ein}}}\right) \int_0^\infty e^{-n\frac{|h^{(k)}(z_*)|}{k!}t^k}\, dt \\ &\sim e^{nh(z_*)} f(z_*)\left(e^{i\theta_{\mathrm{aus}}} - e^{i\theta_{\mathrm{ein}}}\right)\frac{1}{k}\Gamma\left(\frac{1}{k}\right) \frac{\sqrt[k]{k!}}{\sqrt[k]{n|h^{(k)}(z_*)|}}\end{aligned} \tag{1.7.14}$$

wobei θ_{ein} und θ_{aus} die Winkel der ein- und auslaufenden Wege in der ζ-Ebene zur positiven reellen Achse bezeichnen. Im letzten Schritt haben wir die Formel aus Lemma 1.4.6 verwendet.

Satz *Seien h und f holomorph und sei Γ ein über genau einen Sattelpunkt z_* der Ordnung k verlaufender Weg steilsten Abstiegs für* $\exp(h(z))$. *Dann gilt*

$$\begin{aligned}&\int_{\Gamma} e^{nh(z)} f(z)\, dz \\ &\sim e^{nh(z_*)} \sum_{\ell=0}^{\infty} \alpha_\ell \left(e^{i(1+\ell)\theta_{\mathrm{aus}}} - e^{-i(1+\ell)\theta_{\mathrm{ein}}}\right) \frac{1}{k}\Gamma\left(\frac{\ell+1}{k}\right)\left(\frac{\sqrt[k]{k!}}{\sqrt[k]{n|h^{(k)}(z_*)|}}\right)^{\ell+1}\end{aligned} \tag{1.7.15}$$

für $n \to \infty$ mit θ_{ein} und θ_{aus} den Winkeln der ein- und auslaufenden Wege und α_ℓ den Koeffizienten der Potenzreihe

$$f(\varphi(\zeta))\varphi'(\zeta) = \sum_{\ell=0}^{\infty} \alpha_\ell \zeta^\ell \tag{1.7.16}$$

für φ aus Lemma 1.7.2.

Speziell für einen nichtentarteten Sattelpunkt (also mit $k = 2$) folgt aus $\Gamma(1/2) = \sqrt{\pi}$

$$\int_\Gamma e^{nh(z)} f(z)\,dz \sim e^{nh(z_*)} f(z_*) e^{i\theta} \frac{\sqrt{2\pi}}{\sqrt{n|h''(z_*)|}} \tag{1.7.17}$$

mit θ dem Winkel des Weges in der ζ-Ebene zur reellen Achse.

Korollar *Seien h und f holomorph und sei Γ ein über genau einen nichtentarteten Sattelpunkt z_* verlaufender Weg steilsten Abstiegs für* $\exp(h(z))$. *Dann gilt*

$$\int_\Gamma e^{nh(z)} f(z)\,dz \sim \sqrt{2\pi}\, e^{nh(z_*)} \sum_{\ell=0}^{\infty} \alpha_{2\ell}\, e^{i(1+2\ell)\theta} \frac{(2\ell)!}{2^\ell \ell!} \left(\frac{1}{\sqrt{n|h''(z_*)|}} \right)^{2\ell+1} \tag{1.7.18}$$

für $n \to \infty$ mit θ dem Winkel des Weges durch den Sattelpunkt und α_ℓ den Koeffizienten der Potenzreihe

$$f(\varphi(\zeta))\varphi'(\zeta) = \sum_{\ell=0}^{\infty} \alpha_\ell \zeta^\ell \tag{1.7.19}$$

für φ aus Lemma 1.7.2.

Für mehrere gleich hohe Sattelpunkte addieren sich die asymptotischen Terme, niedrigere sind im Restterm enthalten und können vernachlässigt werden.

1.7.4 Beispiel (Stirlingreihe). Speziell mit $h(z) = z - \ln z$ und $f(z) = 1/z$ folgt aus

$$\frac{1}{n!} = \frac{1}{2\pi i} \oint \frac{e^z}{z^{n+1}}\,dz = \frac{n^{-n}}{2\pi i} \int_\Gamma e^{nz - n\ln z} \frac{dz}{z} \tag{1.7.20}$$

für den Weg Γ aus Abb. 1.10 mit $z_* = 1$, $h(z_*) = 1$, $h'(z_*) = 0$ und $h''(z_*) = 1$ sowie $\theta = \pi/2$ (d. h. man durchläuft den Sattelpunkt in Richtung der imaginären Achse) die asymptotische Reihe

$$\frac{1}{n!} \sim \frac{1}{\sqrt{2\pi n}} \left(\frac{e}{n}\right)^n \sum_{\ell=0}^{\infty} (-1)^\ell \alpha_{2\ell} \frac{(2\ell)!}{2^\ell \ell!} n^{-\ell} \tag{1.7.21}$$

mit Koeffizienten α_ℓ, die sich aus

$$\varphi(\zeta) - \ln\varphi(\zeta) = 1 + \frac{1}{2}\zeta^2, \qquad \frac{\varphi'(\zeta)}{\varphi(\zeta)} = \frac{d}{d\zeta} \ln\varphi(\zeta) = \sum_{\ell=0}^{\infty} \alpha_\ell \zeta^\ell \tag{1.7.22}$$

zusammen mit $\varphi(0) = 1$ ergeben.

Für die ersten Koeffizienten erhalten wir ausgehend von

$$\ln \varphi(\zeta) = \beta_1\zeta + \beta_2\zeta^2 + \beta_3\zeta^3 + \beta_4\zeta^4 + \mathbf{O}(|\zeta|^5) \tag{1.7.23}$$

aus der ersten Gleichung

$$\begin{aligned}\varphi(\zeta) - \ln \varphi(\zeta) &= 1 + \frac{1}{2}\left(\beta_1^2\zeta^2 + \beta_2^2\zeta^4 + 2\beta_1\beta_2\zeta^3 + 2\beta_1\beta_3\zeta^4\right) \\ &\quad + \frac{1}{3!}\left(\beta_1^3\zeta^3 + 3\beta_1^2\beta_2\zeta^4\right) + \frac{1}{4!}\beta_1^4\zeta^4 + \mathbf{O}(|\zeta|^5) \\ &= 1 + \frac{1}{2}\zeta^2\end{aligned} \tag{1.7.24}$$

und damit $\beta_1 = 1$, $\beta_2 = -1/6$ und $\beta_3 = 1/36$. Daraus ergibt sich $\alpha_0 = \beta_1 = 1$, sowie $\alpha_2 = 3\beta_3 = 1/12$ und damit

$$\frac{1}{n!} = \frac{1}{\sqrt{2\pi n}}\left(\frac{\mathrm{e}}{n}\right)^n \left(1 - \frac{1}{12n} + \mathbf{O}\left(\frac{1}{n^2}\right)\right). \tag{1.7.25}$$

Asymptotik im Allgemeinen

2

In diesem kurzen Kapitel soll Asymptotik in größerer Allgemeinheit diskutiert werden. Dazu betrachten wir Funktionen $f : X \to V$ definiert auf einer Menge X und wertig in einem (normierten) Vektorraum V. Beispiele für zu betrachtende Mengen sind vielfältig, so kann $X = \mathbb{R}_+$ gelten oder für holomorphe Funktionen $X = \Sigma_\theta$ ein Sektor

$$\Sigma_\theta = \{z \in \mathbb{C} \; : \; |\arg z| \leq \theta\} \tag{2.0.1}$$

oder oder $X = S_b$ ein Streifen

$$S_b = \{z \in \mathbb{C} \; : \; |\operatorname{Im} z| \leq b\} \tag{2.0.2}$$

in der komplexen Zahlenebene sein. Das Verhalten von Funktionen auf Sektoren wird insbesondere für durch komplexe Kurvenintegrale definierte spezielle Funktionen von Bedeutung sein.

Für andersgeartete Beispiele kann auch $X = \mathbb{N}$ oder $X = \mathbb{Q}$ gelten und wir interessieren uns für das asymptotische Verhalten nicht in einem archimedischen sondern in einem p-adischen Sinne.

2.1 Filter und Landausche Ordnungssymbolik

2.1.1 Definition Ein *Filter* auf einer Menge X ist ein Mengensystem $\mathcal{F} \subset \mathcal{P}(X)$, für welches

(1) $X \in \mathcal{F}$ und $\varnothing \notin \mathcal{F}$;
(2) $F, G \in \mathcal{F}$ impliziert $F \cap G \in \mathcal{F}$; sowie
(3) $F \in \mathcal{F}$ und $F \subset G$ impliziert $G \in \mathcal{F}$

J. Wirth, *Asymptotische Analysis*,
https://doi.org/10.1007/978-3-662-73343-1_2

gilt. Ein nichtleeres Mengensystem, welches **(1)** und **(2)** erfüllt, heißt *Filterbasis*. Der kleinste Filter, der die gegebene Filterbasis enthält, wird als der von dieser erzeugte Filter bezeichnet.

2.1.2 Beispiele

(1) In einem nichtleeren metrischen Raum X mit Metrik $d : X \times X \to \mathbb{R}_+$ bestimmt zu gegebenem $x_* \in X$

$$B_r(x_*) = \{x \in X \;:\; d(x_*, x) < r\}, \qquad r > 0, \tag{2.1.1}$$

zusammen mit X eine Filterbasis. Der erzeugte Filter wird als *Umgebungsfilter* von x_* bezeichnet. Wir verwenden für diesen Filter die Schreibweise $x \to x_*$.

(2) In einem unbeschränkten metrischen Raum (d. h., einem metrischen Raum in welchem zu gegebenem $R > 0$ zwei Punkte $x, y \in X$ mit $d(x, y) > R$ existieren) bestimmt

$$\{x \in X \;:\; d(x_*, x) > R\}, \qquad R \in \mathbb{R}, \tag{2.1.2}$$

zu vorgegebenem $x_* \in X$ eine Filterbasis.
Der erzeugte Filter ist vom gewählten $x_* \in X$ unabhängig und entspricht dem *Umgebungsfilter des unendlich fernen Punktes*. Wir verwenden die Schreibweise $x \to \infty$ für diesen Filter.

(3) Auf $X = \mathbb{R}$ bezeichne $x \to +\infty$ den durch die Mengen (R, ∞), $R > 0$, erzeugten Filter. Ebenso bezeichnet $x \to 0$ den durch die Mengen $(-\varepsilon, \varepsilon)$, $\varepsilon > 0$, erzeugten Filter. Der Filter $x \to \infty$ wird durch die Mengen $(-\infty, R) \cup (R, \infty)$, $R > 0$, erzeugt und ist im Reellen eher von untergeordnetem Interesse.

(4) Für einseitige reelle Grenzwerte nutzen wir die Notation $\searrow t_*$ für den durch die Mengen $(t_*, t_* + \varepsilon)$, $\varepsilon > 0$, erzeugten Filter und entsprechend $\nearrow t_*$ für den von $(t_* - \varepsilon, t_*)$, $\varepsilon > 0$, erzeugten Filter.

Wie die Notation schon vermuten lässt, hängen Filter eng mit Grenzwerten und Grenzprozessen zusammen. An obigen Beispielen überlegt man sich leicht, dass die Definition

$$\lim_{\mathcal{F}} f(x) = y \qquad :\Longleftrightarrow \qquad \forall_{\varepsilon>0} \exists_{F\in\mathcal{F}} \forall_{x\in F} \quad |f(x) - y| < \varepsilon \tag{2.1.3}$$

für eine Funktion $f : X \to \mathbb{C}$ und ein $y \in \mathbb{C}$ genau dem (mit gleicher Notation) geschriebenen Grenzwerten entspricht. Filter erlauben es darüberhinaus, Gleichmäßigkeit von Grenzwerten und von asymptotischen Entwicklungen zu beschreiben.

2.1.3 Beispiel Sei $\mathcal{F}$ ein Filter auf einer Menge X und Y eine beliebige Menge. Dann erzeugt die Filterbasis

$$F \times Y \qquad \text{zu} \qquad F \in \mathcal{F}, \tag{2.1.4}$$

einen Filter auf $X \times Y$. Man sagt, man verwendet den Filter $\mathcal{F}$ *gleichmäßig bezüglich* Y.

Asymptotisches Verhalten wird in Abhängigkeit von einem Filter definiert. Dazu sei X eine Menge, versehen mit einem Filter $\mathcal{F}$, und V ein normierter Vektorraum über $\mathbb{R}$ oder $\mathbb{C}$. Betrachtet werden Funktionen $X \to V$.

2.1.4 Definition Sei $\mathcal{F}$ ein Filter auf einer Menge X und V ein normierter Vektorraum. Sei $g : X \to V$ und gelte $g(x) \neq 0$ für alle $x \in X$.

(1) Es bezeichne

$$\mathbf{O}_{\mathcal{F}}(g) = \left\{ f : X \to V \; : \; \exists_{F \in \mathcal{F}} \sup_{x \in F} \frac{\|f(x)\|}{\|g(x)\|} < \infty \right\}. \tag{2.1.5}$$

Für $f \in \mathbf{O}_{\mathcal{F}}(g)$ sagen wir f sei ein *groß-*$\mathbf{O}$ von g.

(2) Weiterhin bezeichne

$$\mathbf{o}_{\mathcal{F}}(g) = \left\{ f : X \to V \; : \; \inf_{F \in \mathcal{F}} \sup_{x \in F} \frac{\|f(x)\|}{\|g(x)\|} = 0 \right\}. \tag{2.1.6}$$

Für $f \in \mathbf{o}_{\mathcal{F}}(g)$ sagen wir f sei ein klein-$\mathbf{o}$ von g.

Oft fordern wir stillschweigend weitere Voraussetzungen an f (Messbarkeit, Stetigkeit oder Holomorphie), die aber aus dem Kontext klar sein sollten. Die wesentlichen Eigenschaften sind analog zu denen in Abschn. 1.1 und sollen nur kurz zusammengefasst werden.

2.1.5 Proposition *Die Mengen* $\mathbf{O}_{\mathcal{F}}(g)$ *und* $\mathbf{o}_{\mathcal{F}}(g)$ *sind Vektorräume über* $\mathbb{R}$ *beziehungsweise* $\mathbb{C}$. *Weiterhin gilt*

(1) $\mathbf{o}_{\mathcal{F}}(g) \subset \mathbf{O}_{\mathcal{F}}(g)$;

(2) $f \in \mathbf{O}_{\mathcal{F}}(g)$ *und* $f(x) \neq 0$ *impliziert* $\mathbf{O}_{\mathcal{F}}(f) \subset \mathbf{O}_{\mathcal{F}}(g)$ *und* $\mathbf{o}_{\mathcal{F}}(f) \subset \mathbf{o}_{\mathcal{F}}(g)$; *ebenso impliziert* $f \in \mathbf{o}_{\mathcal{F}}(g)$ *mit* $f \neq 0$ *schon* $\mathbf{O}_{\mathcal{F}}(f) \subset \mathbf{o}_{\mathcal{F}}(g)$;

(3) $f_1 \in \mathbf{O}_{\mathcal{F}}(g_1)$ *und* $f_2 \in \mathbf{O}_{\mathcal{F}}(g_2)$ *impliziert* $f_1 \otimes f_2 \in \mathbf{O}_{\mathcal{F}}(g_1 \otimes g_2)$; *ebenso impliziert* $f_1 \in \mathbf{o}_{\mathcal{F}}(g_1)$ *und* $f_2 \in \mathbf{O}_{\mathcal{F}}(g_2)$ *schon* $f_1 \otimes f_2 \in \mathbf{o}_{\mathcal{F}}(g_1 \otimes g_2)$.

2.1.6 Definition Seien $g_1, g_2 : X \to V$ mit $g_i(x) \neq 0$. Dann heißen g_1 und g_2 *asymptotisch vergleichbar* bezüglich des Filters $\mathcal{F}$, falls $\mathbf{O}_{\mathcal{F}}(g_1) = \mathbf{O}_{\mathcal{F}}(g_2)$ gilt. Wir schreiben $g_1 \asymp_{\mathcal{F}} g_2$ oder nur kurz $g_1 \asymp g_2$.

2.1.7 Korollar *Angenommen, es gilt* $g_1 \asymp_{\mathcal{F}} g_2$. *Dann gilt* $\mathbf{o}_{\mathcal{F}}(g_1) = \mathbf{o}_{\mathcal{F}}(g_2)$.

2.1.8 Definition Seien $g_1, g_2 : X \to V$ asymptotisch vergleichbar. Dann heißen g_1 und g_2 *asymptotisch äquivalent* bezüglich des Filters $\mathcal{F}$, falls

$$g_1 - g_2 \in \mathbf{o}_{\mathcal{F}}(g_1) \tag{2.1.7}$$

und wir schreiben $g_1 \sim_{\mathcal{F}} g_2$ oder kurz $g_1 \sim g_2$.

2.2 Integrieren und Differenzieren

2.2.1 In diesem Abschnitt sei $X = [1, \infty)$ und Funktionen seien der Einfachheit halber als stetig (differenzierbar) und komplexwertig vorausgesetzt. Der verwendete Filter ist $\to \infty$.

Wie zu vermuten, stimmen hier die Ordnungssymbole mit den schon bekannten Bezeichnungen überein. Sind $f, g : [1, \infty) \to \mathbb{C}$ stetig und gilt $g(t) \neq 0$, so ergibt sich

$$f \in \mathbf{O}(g) \qquad \Leftrightarrow \qquad \limsup_{t\to\infty} \frac{|f(t)|}{|g(t)|} < \infty \tag{2.2.1}$$

und ebenso

$$f \in \mathbf{o}(g) \qquad \Leftrightarrow \qquad \lim_{t\to\infty} \frac{|f(t)|}{|g(t)|} = 0. \tag{2.2.2}$$

2.2.2 Proposition *Angenommen, es gilt $f \in \mathbf{O}(g)$ mit $g(t) > 0$. Seien weiter*

$$F(t) = \int_1^t f(s)\,\mathrm{d}s, \qquad G(t) = \int_1^t g(s)\,\mathrm{d}s. \tag{2.2.3}$$

Dann gilt $F \in \mathbf{O}(G)$.

Beweis Da $f \in \mathbf{O}(g)$ gilt, existiert insbesondere eine Konstante C mit $|f(s)| \leq Cg(s)$ für alle $s \in [1, \infty)$. Also folgt

$$|F(t)| \leq \int_1^t |f(s)|\,\mathrm{d}s \leq C \int_1^t g(s)\,\mathrm{d}s = CG(t) \tag{2.2.4}$$

für alle $t \geq 1$ und die Aussage ist gezeigt. □

2.2.3 Proposition *Angenommen, es gilt $f \in \mathbf{o}(g)$ mit $g(t) > 0$. Seien weiter*

$$F(t) = \int_1^t f(s)\,\mathrm{d}s, \qquad G(t) = \int_1^t g(s)\,\mathrm{d}s \tag{2.2.5}$$

und gelte $\lim_{t\to\infty} G(t) = \infty$. *Dann gilt $F \in \mathbf{o}(G)$.*

Beweis Wir unterscheiden zwei Fälle. Ist F unbeschränkt, so ist die Regel von l'Hôpital anwendbar und es folgt

$$\lim_{t\to\infty}\frac{F(t)}{G(t)} = \lim_{t\to\infty}\frac{F'(t)}{G'(t)} = \lim_{t\to\infty}\frac{f(t)}{g(t)} = 0. \tag{2.2.6}$$

Ist andererseits F beschränkt, so ist die Aussage trivial. □

Für absolut integrierbares g ist die entsprechende Aussage im Allgemeinen falsch.

2.2.4 Beispiel Wir skizzieren eine einfache Anwendung. Angenommen, wir wissen dass für eine Funktion $f : \mathbb{R}_+ \to \mathbb{R}_+$ die Bedingung $f' \in \mathbf{o}(f)$ gilt. Nach Definition impliziert dies

$$(\ln f)' = \frac{f'}{f} \in \mathbf{o}(1) \tag{2.2.7}$$

und damit (da die Stammfunktion von 1 unbeschränkt ist) nach Proposition 2.2.3

$$\ln f(t) \in \mathbf{o}(t), \qquad t \to \infty. \tag{2.2.8}$$

2.3 Asymptotische Entwicklungen

2.3.1 Beispiel Nicht explizit berechenbare Integrale kann man oft *asymptotisch* berechnen. Dazu wieder ein einfaches Beispiel. Wir betrachten die *Exponentialintegralfunktion*

$$E(t) = \int_1^t \frac{\mathrm{e}^s}{s}\,\mathrm{d}s, \qquad t > 1. \tag{2.3.1}$$

Mit einer partiellen Integration folgt

$$E(t) = \int_1^t \frac{\mathrm{e}^s}{s}\,\mathrm{d}s = \frac{\mathrm{e}^s}{s}\bigg|_{s=1}^t + \int_1^t \frac{\mathrm{e}^s}{s^2}\,\mathrm{d}s = \frac{\mathrm{e}^t}{t} - \mathrm{e} + \int_1^t \frac{\mathrm{e}^s}{s^2}\,\mathrm{d}s. \tag{2.3.2}$$

Wir zeigen, dass der letzte Summand für $t \to \infty$ in $\mathbf{o}(E)$ liegt. Dazu teilen wir das Integral in zwei Hälften und schätzen diese separat ab,

$$\int_1^t \frac{\mathrm{e}^s}{s^2}\,\mathrm{d}s = \int_1^{\frac{t}{2}} \frac{\mathrm{e}^s}{s^2}\,\mathrm{d}s + \int_{\frac{t}{2}}^t \frac{\mathrm{e}^s}{s^2}\,\mathrm{d}s < \underbrace{\int_1^{\frac{t}{2}} \mathrm{e}^s\,\mathrm{d}s}_{\le \mathrm{e}^{t/2}} + \underbrace{\frac{1}{(t/2)^2}\int_{\frac{t}{2}}^t \mathrm{e}^s\,\mathrm{d}s}_{\le 4t^{-2}\mathrm{e}^t}. \tag{2.3.3}$$

Also gilt

$$E(t) = \int_1^t \frac{\mathrm{e}^s}{s}\,\mathrm{d}s = \frac{\mathrm{e}^t}{t} + \mathbf{o}\left(\frac{\mathrm{e}^t}{t}\right), \qquad t \to \infty. \tag{2.3.4}$$

Obige Argumentation kann man iterieren und mehrere Schritte partiell integrieren. Dies liefert jeweils bessere asymptotische Terme

$$
\begin{aligned}
E(t) &= \frac{\mathrm{e}^s}{s}\bigg|_{s=1}^{t} + \int_1^t \frac{\mathrm{e}^s}{s^2}\,\mathrm{d}s \\
&= \frac{\mathrm{e}^s}{s}\bigg|_{s=1}^{t} + \frac{\mathrm{e}^s}{s^2}\bigg|_{s=1}^{t} + 2\int_1^t \frac{\mathrm{e}^s}{s^3}\,\mathrm{d}s \\
&= \cdots \\
&= \mathrm{e}^s\left(\frac{1}{s} + \frac{1!}{s^2} + \frac{2!}{s^3} + \frac{3!}{s^4} + \cdots + \frac{(n-1)!}{s^n}\right)\bigg|_{s=1}^{t} + n!\int_1^t \frac{\mathrm{e}^s}{s^{n+1}}\,\mathrm{d}s \\
&= \mathrm{e}^t \sum_{k=1}^{n} \frac{(k-1)!}{t^k} + \mathbf{o}\left(\frac{\mathrm{e}^t}{t^n}\right), \qquad t \to \infty.
\end{aligned}
\tag{2.3.5}
$$

Letzteres gilt für jedes $n \in \mathbb{N}$, also haben wir

$$
\lim_{t\to\infty} t^n \left(\mathrm{e}^{-t}E(t) - \sum_{k=1}^{n} \frac{(k-1)!}{t^k}\right) = 0 \tag{2.3.6}
$$

gezeigt. Allerdings divergiert die Reihe

$$
\sum_{k=1}^{n} \frac{(k-1)!}{t^k} \tag{2.3.7}
$$

für alle $t \neq 0$, die Darstellung von $E(t)$ über diese Reihe ist rein asymptotisch. Die Reihe beschreibt das asymptotische Verhalten der Funktion $E(t)$ für $t \to \infty$.

Wir formulieren die Definition wiederum möglichst allgemein, beschränken uns aber auf eine vereinfachte Fassung des Begriffs asymptotische Entwicklung.

2.3.2 Definition Sei $\mathcal{F}$ ein Filter auf X und V ein normierter Rraum.

(1) Eine Folge positiver Funktionen $\varphi_n : X \to \mathbb{R}_+$ heißt *asymptotische Folge* bezüglich $\mathcal{F}$, falls $\varphi_{n+1} \in \mathbf{o}_{\mathcal{F}}(\varphi_n)$ für alle $n \in \mathbb{N}_0$ gilt.
(2) Eine Funktion $f : X \to V$ besitzt eine *asymptotische Entwicklung* im Sinne von Poincaré[1] bezüglich der asymptotischen Folge $(\varphi_n)_{n\in\mathbb{N}_0}$, falls es Konstanten $\alpha_n \in V$ mit

$$
f - \sum_{n=0}^{N-1} \alpha_n \varphi_n \in \mathbf{O}_{\mathcal{F}}(\varphi_N) \otimes V \qquad \text{für alle } N \in \mathbb{N} \tag{2.3.8}
$$

[1] Henri Poincaré, 1854–1912.

gibt. In diesem Fall schreiben wir kurz $f \sim \sum_n \alpha_n \varphi_n$.

(3) Eine Funktion $f : X \to V$ besitzt eine *asymptotische Entwicklung* im Sinne von Erdélyi[2] bezüglich der asymptotischen Folge $(\varphi_n)_{n \in \mathbb{N}_0}$, falls es Funktionen $\psi_n \in \mathbf{O}_{\mathcal{F}}(\varphi_n) \otimes V$ mit

$$f - \sum_{n=0}^{N-1} \psi_n \in \mathbf{O}_{\mathcal{F}}(\varphi_N) \otimes V \qquad \text{für alle } N \in \mathbb{N} \tag{2.3.9}$$

gibt. In diesem Fall schreiben wir kurz $f \sim \sum_n \psi_n$.

2.3.3 Beispiel Interessante asymptotische Folgen auf $\mathbb{R}_+$ für den Filter $t \to \infty$ sind insbesondere

$$\varphi_n(t) = t^{\nu_n} \tag{2.3.10}$$

für eine Folge $\nu_n \in \mathbb{R}$ mit $\nu_n \searrow -\infty$ und

$$\varphi_n(t) = \mathrm{e}^{\nu_n t} \tag{2.3.11}$$

ebenso für $\nu_n \in \mathbb{R}$ mit $\nu_n \searrow -\infty$. Beide werden uns noch einmal begegnen. Für $t \to 0$ wird insbesondere

$$\varphi_n(t) = t^n \tag{2.3.12}$$

von Interesse sein.

2.3.4 Beispiele Beispiele asymptotischer Entwicklungen sind uns schon begegnet.

(1) Es ist

$$E(t) = \int_1^t \frac{\mathrm{e}^s}{s} \,\mathrm{d}s \quad \sim \quad \sum_{k=1}^{\infty} \frac{(k-1)!}{t^k} \mathrm{e}^t, \qquad t \to \infty, \tag{2.3.13}$$

eine asymptotische Entwicklung bezüglich der asymptotischen Folge

$$\mathrm{e}^t, \frac{\mathrm{e}^t}{t}, \ldots, \frac{\mathrm{e}^t}{t^n}, \ldots \tag{2.3.14}$$

(2) Für jedes $f \in \mathrm{C}^\infty(\mathbb{R})$ gilt nach dem Taylorschen Satz

$$f(t) \quad \sim \quad \sum_{n=0}^{\infty} f^{(n)}(0) \frac{t^n}{n!}, \qquad t \to 0. \tag{2.3.15}$$

Ist die Funktion f holomorph, so konvergiert die Reihe insbesondere lokal gleichmäßig. Im Allgemeinen muss die Reihe nicht konvergent sein und auch falls sie konvergent ist nicht gegen die Funktion f konvergieren.

[2] Arthur Erdélyi, 1908–1977.

Das Problem ist zu zeigen, dass Funktionen asymptotische Entwicklungen besitzen. Das Bestimmen der dabei auftretenden Koeffizienten ist dann in der Regel einfach. Wir beschränken uns nachfolgend auf Entwicklungen im Sinne von Poincaré.

2.3.5 Proposition

(1) *Angenommen, zwei Funktionen f und g besitzen asymptotische Entwicklungen $f \sim \sum_n \alpha_n \varphi_n$ und $g \sim \sum_n \beta_n \varphi_n$. Dann besitzt für alle $\lambda \in \mathbb{C}$ die Funktion $f + \lambda g$ eine asymptotische Entwicklung und es gilt*

$$f + \lambda g \sim \sum_n (\alpha_n + \lambda \beta_n) \varphi_n. \tag{2.3.16}$$

(2) *Angenommen, f besitzt die asymptotische Entwicklung $f \sim \sum_n \alpha_n \varphi_n$. Dann besitzt die Differenz $f - \alpha_0 \varphi_0$ die asymptotische Entwicklung $f - \alpha_0 \varphi_0 \sim \sum_{n \geq 1} \alpha_n \varphi_n$.*

(3) *Die Koeffizienten einer asymptotischen Entwicklung im Sinne von Poincaré sind eindeutig bestimmt.*

Beweis **(1)** und **(2)** folgen direkt aus der Vektorraumstruktur von $\mathbf{o}_{\mathcal{F}}(\varphi_n)$. • **(3)** Angenommen, f besitze zwei asymptotische Entwicklungen $f \sim \sum_n \alpha_n \varphi_n$ und $f \sim \sum_n \tilde{\alpha}_n \varphi_n$. Dann gilt insbesondere

$$\{f - \alpha_0 \varphi_0,\ f - \tilde{\alpha}_0 \varphi_0\} \subset \mathbf{O}_{\mathcal{F}}(\varphi_1) \subset \mathbf{o}_{\mathcal{F}}(\varphi_0) \tag{2.3.17}$$

und damit

$$(\alpha_0 - \tilde{\alpha}_0)\varphi_0 \in \mathbf{o}_{\mathcal{F}}(\varphi_0). \tag{2.3.18}$$

Da aber $\varphi_0 \notin \mathbf{o}_{\mathcal{F}}(\varphi_0)$ gilt, muss $\alpha_0 = \tilde{\alpha}_0$ gelten. Damit ist der erste Koeffizient eindeutig bestimmt und die Behauptung folgt per Induktion, indem man jeweils die Entwicklung der Reste $f - \sum_{n<N} \alpha_n \varphi_n$ betrachtet und damit jeweils $\alpha_N = \tilde{\alpha}_N$ schließt. □

Betrachtet man speziell Funktionen auf $[1, \infty)$ und den Filter $\to \infty$, so kann man asymptotische Reihen gliedweise integrieren und, so die Ableitung eine asymptotische Entwicklung besitzt, auch differenzieren. Es gilt

2.3.6 Proposition

(1) Sei $\varphi_n : [1, \infty) \to \mathbb{R}_+$ eine asymptotische Folge stetiger Funktionen für den Filter $\to \infty$. Angenommen, die Integrale

$$\Phi_n(t) = \int_t^\infty \varphi_n(s)\, \mathrm{d}s \tag{2.3.19}$$

konvergieren für alle t. Dann ist Φ_n ebenso asymptotische Folge $\to \infty$.

(2) Sei $f : [1, \infty) \to V$ stetig und besitze eine asymptotische Entwicklung

$$f(t) \sim \sum_n \alpha_n \varphi_n(t), \qquad t \to \infty. \tag{2.3.20}$$

Dann konvergiert

$$F(t) = \int_t^\infty f(s)\,\mathrm{d}s \tag{2.3.21}$$

und besitzt die asymptotische Entwicklung

$$F(t) \sim \sum_n \alpha_n \Phi_n(t), \qquad t \to \infty. \tag{2.3.22}$$

Beweis **(1)** folgt aus der Regel von l'Hôpital. Da nach Konstruktion $\Phi_n(t) \to 0$ für $t \to \infty$ gilt, liefert diese

$$\lim_{t\to\infty} \frac{\Phi_{n+1}(t)}{\Phi_n(t)} = \lim_{t\to\infty} \frac{-\phi_{n+1}(t)}{-\phi_n(t)} = 0. \tag{2.3.23}$$

(2) Es gilt

$$f(t) = \alpha_0\varphi_0(t) + \cdots + \alpha_{n-1}\varphi_{n-1}(t) + r_n(t) \tag{2.3.24}$$

mit einem Rest $r_n \in \mathbf{O}(\varphi_n) \otimes V$. Also folgt

$$\left\| \int_t^\infty r_n(s)\,\mathrm{d}s \right\| \le C \int_t^\infty \varphi_n(s)\,\mathrm{d}s \in \mathbf{O}(\Phi_n) \tag{2.3.25}$$

und damit

$$F(t) - \alpha_0\Phi_0(t) - \cdots - \alpha_{n-1}\Phi_{n-1}(t) = \int_t^\infty r_n(s)\,\mathrm{d}s \in \mathbf{O}(\Phi_n) \otimes V, \tag{2.3.26}$$

also die Behauptung. □

2.3.7 Von besonderem Interesse ist das soeben gezeigte für asymptotische Reihen der Form

$$f(t) \sim \alpha_0 + \frac{\alpha_1}{t} + \frac{\alpha_2}{t^2} + \cdots \sim \sum_n \alpha_n t^{-n}, \qquad t \to \infty, \tag{2.3.27}$$

oder asymptotische Potenzreihen

$$f(t) \sim \alpha_0 + \alpha_1 t + \alpha_2 t^2 + \cdots \sim \sum_n \alpha_n t^n, \qquad t \to 0. \tag{2.3.28}$$

Sind die Funktionen komplexwertig, so kann man solche asymptotischen Reihen addieren, multiplizieren und (falls der führende Koeffizient ungleich Null ist) auch dividieren. Asymptotische Potenzreihen kann man gliedweise integrieren und sobald die Ableitung der Funktion ebenso eine asymptotische Entwicklung besitzt auch differenzieren.

2.3.8 Satz (Borel[3], Peano[4]) *Sei $(\alpha_n)_{n\in\mathbb{N}_0}$ eine beliebige komplexe Zahlenfolge. Dann existiert eine Funktion $f \in C^\infty(\mathbb{R})$ mit $f^{(n)}(0) = \alpha_n$, also mit*

$$f(t) \sim \sum_{n=0}^{\infty} \frac{\alpha_n}{n!} t^n. \tag{2.3.29}$$

Beweis Wir folgen dem Beweis von Borel und wählen uns eine Funktion $\chi \in C^\infty(\mathbb{R})$ mit $|\chi(t)| \le 1$, $\chi(t) = 0$ für $|t| > 1$ und $\chi(t) = 1$ für $|t| < 1/2$. Für eine noch zu bestimmende monoton wachsende Folge M_n sei

$$f(t) = \sum_{n=0}^{\infty} \frac{\alpha_n}{n!} t^n \chi(M_n t). \tag{2.3.30}$$

Für $t = 0$ hat die Reihe genau einen von Null verschiedenen Summanden und es gilt $f(0) = \alpha_0$. Für jedes andere $t \neq 0$ sind nur endlich viele der Summanden ungleich Null. Damit ist $f \in C^\infty(\mathbb{R} \setminus \{0\})$ und es genügt, die Folge M_n so zu konstruieren, dass $f^{(n)}(0) = \alpha_n$ gilt.

Für $n = 1$ sei M_1 so groß gewählt, dass

$$\sup_t |\alpha_1 t \chi(M_1 t)| \le |\alpha_1| M_1^{-1} \le 2^{-1}. \tag{2.3.31}$$

Für größere n sei M_n so groß, dass

$$\begin{aligned}
&\sum_{k=0}^{n-1} \sup_t \left| \frac{\alpha_n}{n!} \frac{\mathrm{d}^k}{\mathrm{d}t^k} t^n \chi(M_n t) \right| \\
&\quad \le \sum_{k=0}^{n-1} \frac{|\alpha_n|}{n!} \sum_{\ell=0}^{k} \binom{k}{\ell} \frac{n!}{(n-\ell)!} \sup_t \left| t^{n-\ell} M_n^{k-\ell} \chi^{(k-\ell)}(M_n t) \right| \\
&\quad \sum_{k=0}^{n-1} |\alpha_n| \sum_{\ell=0}^{k} \frac{1}{(n-\ell)!} \binom{k}{\ell} M_n^{k-n} \sup_s \left| s^{n-\ell} \chi^{(k-\ell)}(s) \right| \le 2^{-n}
\end{aligned} \tag{2.3.32}$$

[3] Emile Borel, 1871–1956.
[4] Giuseppe Peano, 1858–1932.

gilt. Dann konvergiert die Reihe

$$\sum_{n=N}^{\infty} \frac{\alpha_n}{n!} t^n \chi(M_n t) \tag{2.3.33}$$

wegen

$$\left\| \sum_{n=N}^{\infty} \frac{\alpha_n}{n!} t^n \chi(M_n t) \right\|_{\mathrm{C}^{N-1}} \leq \sum_{n=N}^{\infty} \left\| \frac{\alpha_n}{n!} t^n \chi(M_n t) \right\|_{\mathrm{C}^{n-1}} \leq \sum_{n=N}^{\infty} 2^{-n} \leq 1 \tag{2.3.34}$$

absolut in $\mathrm{C}^{N-1}(\mathbb{R})$ und der Grenzwert sowie die ersten $N-1$ Ableitungen verschwinden in $t = 0$. Also folgt

$$f(t) = \sum_{n=0}^{N-1} \frac{\alpha_n}{n!} t^n \chi(M_n t) + \sum_{n=N}^{\infty} \frac{\alpha_n}{n!} t^n \chi(M_n t) \tag{2.3.35}$$

und der erste Summand ist lokal um $t = 0$ ein Polynom und besitzt bis zur Ordnung $N-1$ die vorgegebenen Ableitungen. □

Entsprechend kann man auch allgemeinere asymptotische Reihen summieren. Dazu benötigen wir eine Abzählbarkeitsvoraussetzung an den Filter:

Annahme *Es existiere eine Folge $F_n \in \mathcal{F}$ mit $\#\{n : x \in F_n\} < \aleph_0$ für jedes $x \in X$, welche $\mathcal{F}$ erzeugt (d. h. für jedes $F \in \mathcal{F}$ existiere ein n mit $F_n \subset F$), sowie eine Folge $\chi_n : X \to [0, 1]$ mit $\{x : \chi_n(x) \neq 0\} \subset F_n$ und $F_{n+1} \subset \{x : \chi_n(x) = 1\}$.*

Unter dieser Voraussetzung gilt der folgende Satz.

2.3.9 Satz *Zu jeder asymptotischen Reihe $\sum_n \psi_n$ im Sinne von Erdélyi existiert eine Funktion f mit $f \sim \sum_n \psi_n$.*

Beweis Wir folgen der Beweisidee von Borel und wählen eine hinreichend schnell wachsende Folge m_n. Dann ist für jedes $x \in X$ die Summe

$$f(x) = \sum_n \chi_{m_n}(x) \psi_n(x) \tag{2.3.36}$$

endlich und es bleibt, die Asymptotik der Reihenreste zu untersuchen. Wir wählen m_n so groß, dass

$$\|\chi_{m_n}(x)\psi_n(x)\| \leq 2^{-n} \varphi_k(x), \qquad k < n, \tag{2.3.37}$$

gilt. Dies kann erfüllt werden, da $\psi_n \in \mathbf{o}_{\mathcal{F}}(\varphi_k)$ für alle $k < n$ gilt und dies für festes n nur endlich viele Bedingungen sind. Damit folgt

$$\begin{aligned}\left\| f(x) - \sum_{n=0}^{N-1} \chi_{m_n}(x)\psi_n(x) \right\| &\leq \|\psi_N(x)\| + \sum_{n>N} \|\chi_{m_n}(x)\psi_n(x)\| \\ &\leq \|\psi_N(x)\| + \sum_{n>N} 2^{-n}\varphi_N(x) \in \mathbf{O}_{\mathcal{F}}(\varphi_N)\end{aligned} \tag{2.3.38}$$

und der Satz ist bewiesen. □

2.3.10 Bemerkung Obige Annahme schränkt die Anwendbarkeit des Satzes natürlich ein. Sie ist allerdings klar erfüllt für Filter, die über die Metrik eines Raumes definiert sind, und Funktionen, welche als stetig vorausgesetzt werden. Die Existenz der Funktionen χ_n ist dann durch das Lemma von Urysohn garantiert. Ebenso funktioniert das Argument für asymptotische Entwicklungen von Folgen. Für asymptotische Entwicklungen holomorpher Funktionen ist die Situation eine Andere und die Summierbarkeit beliebiger asymptotischer Reihen zu holomorphen Funktionen auch allgemeinen falsch.

2.4 Holomorphe Funktionen

2.4.1 Für ganze Funktionen $f \in \mathcal{A}(\mathbb{C})$ ist das asymptotische Verhalten bezüglich des Umgebungsfilters von ∞ eher uninteressant; besitzt f eine asymptotische Entwicklung in (positive und negative) Potenzen von z, so ist f schon ein Polynom.

Interessantere Funktionen, die in Entwicklungen auftauchen können, besitzen ein richtungsabhängiges asymptotisches Verhalten. Ein typisches erstes Beispiel dazu wäre die Funktion $f(z) = \sin z$, welche in Richtung der reellen Achse beschränkt ist, in imaginärer Richtung aber jeweils exponentiell wächst (Abb. 2.1).

Abb. 2.1 Phasenportraits der Funktionen $\sin z$ und $\exp(z^2)$

2.4.2 Beispiel Als zweites Beispiel betrachten wir die *Eulersche Gammafunktion* definiert für $\operatorname{Re} z > 0$ durch

$$\Gamma(z) = \int_0^\infty e^{-t} t^{z-1}\, dt. \tag{2.4.1}$$

Zumindest für reelle z haben wir das asymptotische Verhalten schon diskutiert. Die Methode von Laplace liefert eine asymptotische Reihe der Form

$$\Gamma(z) \sim e^{z \ln z - z} \sqrt{\frac{2\pi}{z}} \sum_{k=0}^{\infty} \alpha_k z^{-k}, \qquad z \to +\infty, \tag{2.4.2}$$

mit $\alpha_0 = 1$ und (explizit berechenbaren) Koeffizienten $\alpha_k \in \mathbb{R}$.

Betrachtet man nun ein $z = re^{i\theta} \in \mathbb{C}$ mit $|\theta| < \frac{\pi}{2}$, so kann man ebenso nach der Asymptotik für $r \to \infty$ bei festem θ fragen. Diese bestimmt sich wiederum nach einer Variante der Sattelpunktmethode. Es gilt

$$\begin{aligned} \Gamma(z) &= \int_0^\infty \exp(z \ln t - t) \frac{dt}{t} = \int_0^{\infty e^{-i\theta}} \exp(z \ln z + z \ln \zeta - z\zeta) \frac{d\zeta}{\zeta} \\ &= e^{z \ln z} \int_0^{\infty e^{-i\theta}} \exp(re^{i\theta}(\ln \zeta - \zeta)) \frac{d\zeta}{\zeta}. \end{aligned} \tag{2.4.3}$$

mit der Substitution $t = z\zeta$. Wir wählen den Integrationsweg über den Sattelpunkt der Funktion $h(\zeta) = e^{i\theta}(\ln \zeta - \zeta)$ in $\zeta = 1$ mit $h(1) = -e^{i\theta}$, $h'(\zeta) = 0$ und $h''(\zeta) = -e^{i\theta}$. Damit folgt mit Gl. (1.7.18)

$$\begin{aligned} \Gamma(z) &\sim e^{z \ln z} e^{-e^{i\theta} r} e^{-i\theta/2} \sqrt{\frac{2\pi}{r}} \sum_{k=0}^{\infty} \alpha_k(\theta) r^{-k}, \qquad r = |z| \to \infty \\ &\sim e^{z \ln z - z} \sqrt{\frac{2\pi}{z}} \sum_{k=0}^{\infty} \alpha_k z^{-k}, \qquad z \to \infty \end{aligned} \tag{2.4.4}$$

für festes $\arg z = \theta$ in der Halbebene $\operatorname{Re} z > 0$. Dass die hierbei auftretenden Konstanten α_k von θ unabhängig sind ist leicht nachzurechnen und folgt ebenso aus Formel (1.7.18). Ob die punktweise Asymptotik gleichmäßig in $\arg z$ ist, muss vorerst offenbleiben. Dies ergibt sich aus allgemeineren Sätzen, denen wir uns als Nächstes zuwenden wollen.

2.4.3 Für holomorphe Funktionen bietet es sich an, das asymptotische Verhalten in Sektoren

$$\Sigma_\theta = \{0\} \cup \{z \in \mathbb{C} \setminus \{0\} \,:\, |\arg z| \le \theta\} \subset \mathbb{C} \tag{2.4.5}$$

für $\theta \in (0, \pi)$ zu untersuchen. Wir fragen nach dem asymptotischen Verhalten gegebener Funktionen $f : \Sigma_\theta \to \mathbb{C}$, welche auf dem abgeschlossenen Sektor Σ_θ stetig und in seinem Inneren holomorph sind.

Hierbei ist zu beachten, dass es im Sektor verschiedene Möglichkeiten gibt, sich dem Unendlichen anzunähern. Uns interessieren deshalb das asymptotische Verhalten für $|z| \to \infty$ gleichmäßig im Argument, also bezüglich des durch

$$\{z \in \Sigma_\theta : |z| \geq R\}, \quad R > 0, \tag{2.4.6}$$

erzeugten Filters. Für holomorphe Funktionen ergibt sich überraschenderweise, dass Asymptotik auf den begrenzenden Strahlen unter minimalen Voraussetzungen schon gleichmäßige Asymptotik im Sektor impliziert. Das folgt aus dem Satz von Phragmén[5]–Lindelöf[6] in der nachfolgenden allgemeinen Fassung. Er verallgemeinert das bekannte Maximumprinzip.

2.4.4 Satz (Phragmén–Lindelöf) *Sei $f : \Sigma_\theta \to \mathbb{C}$ stetig und holomorph im Inneren des Sektors Σ_θ. Angenommen, es gilt*

$$\ln(1 + |f(z)|) \in \mathbf{o}(|z|^\alpha), \qquad |z| \to \infty, \tag{2.4.7}$$

mit $\alpha = \frac{\pi}{2\theta}$ zusammen mit

$$|f(z)| \leq 1 \qquad \textit{für } \arg z = \pm\theta. \tag{2.4.8}$$

Dann gilt

$$|f(z)| \leq 1 \qquad \textit{für alle } z \in \Sigma_\theta. \tag{2.4.9}$$

Beweis Schritt 1. Wir zeigen zuerst die schwächere Form des Theorems unter der Voraussetzung $\ln(1 + |f(z)|) \in \mathbf{O}(|z|^\alpha)$ für ein $\alpha < \frac{\pi}{2\theta}$. Wir betrachten die Menge $\Sigma_\theta \cap B_R$. Die Funktion

$$F(z) = f(z)\mathrm{e}^{-\varepsilon z^\beta} \tag{2.4.10}$$

mit $\alpha < \beta < \frac{\pi}{2\theta}$ erfüllt auf den berandenden Strahlen $\arg z = \pm\theta$ die Abschätzung

$$|F(z)| = \mathrm{e}^{-\varepsilon |z|^\beta \cos \beta\theta} |f(z)| \leq 1 \tag{2.4.11}$$

sowie auf dem Kreisbogensegment mit Radius R die Abschätzung

$$|F(z)| \leq \mathrm{e}^{-\varepsilon R^\beta \cos \beta\theta} |f(z)| \leq \mathrm{e}^{C R^\alpha - \varepsilon R^\beta \cos \beta\theta} \to 0, \qquad R \to \infty. \tag{2.4.12}$$

---

[5] Lars Edvard Phragmén, 1863–1937.

[6] Ernst Leonard Lindelöf, 1870–1946.

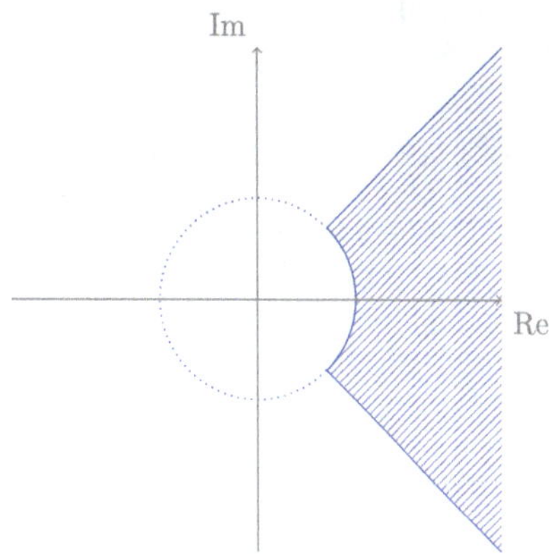

Abb. 2.2 Sektoren $\Sigma_\theta \cap \{z\,:\,|z| > R\}$. Funktionen mit $\ln|f| = \mathbf{o}(|z|^\alpha)$ für $2\theta\alpha = \pi$ nehmen ihr Maximum auf dem Rand des schraffierten Gebietes an

Damit impliziert das Maximumprinzip aber

$$\max_{z\in\Sigma_\theta\cap B_R} |F(z)| \le 1 \tag{2.4.13}$$

für R hinreichend groß und, da $\varepsilon > 0$ beliebig war, folgt die Behauptung.

Schritt 2. Wir zeigen die Aussage unter der Voraussetzung $\ln(1 + |f(z)|) \in \mathbf{o}(|z|^\alpha)$ für $\alpha = \frac{\pi}{2\theta}$. Dazu betrachten wir

$$F(z) = f(z)\mathrm{e}^{-\varepsilon z^\alpha} \tag{2.4.14}$$

und nutzen, dass für reelles z wegen $|F(z)| = \mathrm{e}^{-\varepsilon z^\alpha}|f(z)| \to 0$, $z \to \infty$, die Existenz von $M = \sup_{z\in\mathbb{R}_+} |F(z)|$ folgt. Damit kann auf jedem der Teilsektoren $0 \le \arg z \le \theta$ die Abschätzung aus Schritt 1 genutzt werden. Es gilt also

$$|F(z)| \le \max\{1, M\}, \qquad z \in \Sigma_\theta. \tag{2.4.15}$$

Es folgt wiederum $|f(z)| \le M$ in Σ_θ. Damit ist aber die schwächere Voraussetzung von Schritt 1 für f erfüllt und die Behauptung folgt durch erneute Anwendung von Schritt 1, diesmal für den ganzen Sektor. □

Die Aussage gilt entsprechend für Gebiete der Form

$$\Sigma_\theta \cap \{z\,:\,|z| \ge R\}, \tag{2.4.16}$$

wobei man zusätzlich $|f(z)| \le 1$ auf dem Kreisbogensegment fordern muss Abb. 2.2).

2.4.5 Korollar *Sei $f : \Sigma_\theta \to \mathbb{C}$ holomorph im Inneren und stetig bis zum Rand von Σ_θ und beschränkt. Dann gilt*

(i) *Angenommen, $f(z) \to a$ für $|z| \to \infty$ entlang der Strahlen $\arg z = \pm\theta$. Dann gilt $f(z) \to a$ für $|z| \to \infty$ gleichmäßig im Sektor Σ_θ.*
(ii) *Angenommen, $f(z) \to a$ für $|z| \to \infty$ entlang eines Strahles $\arg z = \alpha$ und $f(z) \to b$ für $|z| \to \infty$ entlang eines weiteren Strahles $\arg z = \beta$ mit $-\theta \leq \alpha < \beta \leq \theta$. Dann gilt $a = b$.*

Beweis **(i)** Durch Substitution von z durch z^γ kann man erreichen, dass $\theta < \pi/2$ gilt. Sei also im folgenden $\theta < \pi/2$ und für $\lambda > 0$ die Funktion

$$F_\lambda(z) = \frac{z}{\lambda + z}(f(z) - a) \tag{2.4.17}$$

definiert. Sei weiter $\varepsilon > 0$ und R so groß, dass $|f(z) - a| < \varepsilon$ für $\arg z = \pm\theta$ und $|z| > R$. Dann gilt insbesondere $|F_\lambda(z)| \leq \varepsilon$ für diese z. Da f beschränkt ist, existiert weiter $\lambda > 0$, sodass $|F_\lambda(z)| \leq MR/\lambda = \varepsilon$ für $|z| \leq R$. Also folgt $|F_\lambda(z)| \leq \varepsilon$ in Σ_θ und damit

$$|f(z) - a| \leq (1 + \lambda/|z|)\varepsilon < 2\varepsilon, \qquad |z| \geq \lambda. \tag{2.4.18}$$

(ii) folgt mit der Wahl $F(z) = (f(z) - \frac{1}{2}(a + b))^2$, da dann wegen **(i)**

$$F(z) - \frac{1}{4}(a - b)^2 = (f(z) - a)(f(z) - b) \to 0 \tag{2.4.19}$$

gleichmäßig auf dem Sektor $\alpha \leq \arg z \leq \beta$ gilt. □

Wir formulieren noch eine Folgerung aus dem Satz von Phragmén–Lindelöf. Wir nutzen dazu den Halbstreifen $S_b^+ = \{z \in \mathbb{C} \,:\, \operatorname{Re} z \geq 0,\ |\operatorname{Im} z| \leq b\}$. Die komplexe Logarithmusfunktion liefert eine biholomorphe Abbildung $\ln : \Sigma_\theta \cap \{|z| \geq 1\} \to S_\theta^+$ des Sektors $\Sigma_\theta \cap \{|z| \geq 1\}$ auf den Halbstreifen S_θ^+ der Breite 2θ. Damit kann das gerade gezeigte Theorem direkt in eine Streifenvariante überführt werden.

2.4.6 Satz (Phragmén–Lindelöf) *Sei $f : S_b^+ \to \mathbb{C}$ stetig auf S_b^+ und holomorph im Inneren von S_b^+. Angenommen, es gilt*

$$\ln(1 + |f(z)|) \in \mathbf{o}(e^{\alpha \operatorname{Re} z}), \qquad \operatorname{Re} z \to +\infty, \tag{2.4.20}$$

mit $\alpha = \frac{\pi}{2b}$, sowie

$$|f(z)| \leq 1 \qquad \textit{für } z \in S_b^+ \textit{ mit } \operatorname{Im} z = \pm b \textit{ oder } \operatorname{Re} z = 0. \tag{2.4.21}$$

Dann gilt

$$|f(z)| \leq 1 \qquad \textit{für alle } z \in S_b^+. \tag{2.4.22}$$

Beweis Anwenden von Satz 2.4.4 auf die Funktion $f(\ln\zeta)$, die auf dem Sektor $\Sigma_b \cap \{|\zeta| \geq 1\}$ definiert ist. □

2.4.7 Beispiel (Airyfunktionen) Als Beispiel untersuchen wir die Lösungen der Airyschen Differentialgleichung[7]

$$f''(z) - zf(z) = 0. \tag{2.4.23}$$

Zusammen mit den Bedingungen $f(0) = \alpha$ und $f'(0) = \beta$ besitzt diese eine eindeutig bestimmte ganze Funktion als Lösung. Um das zu sehen, nutzen wir den Ansatz als Potenzreihe

$$f(z) = \sum_{n=0}^{\infty} c_n z^n, \tag{2.4.24}$$

welcher eingesetzt in die Differentialgleichung zu

$$\sum_{n=2}^{\infty} n(n-1)c_n z^{n-2} - z\sum_{n=0}^{\infty} c_n z^n = 0, \tag{2.4.25}$$

und damit zur Rekursion

$$c_{n+2} = \frac{c_{n-1}}{(n+2)(n+1)}, \qquad n \geq 1, \tag{2.4.26}$$

für die Koeffizienten zusammen mit der Bedingung $c_2 = 0$ führt. Also folgt $c_{3k+2} = 0$ für alle k sowie

$$c_{3k} = \alpha \frac{1}{\prod_{j=1}^{k} 3j(3j-1)}, \qquad c_{3k+1} = \beta \frac{1}{\prod_{j=1}^{k}(3j+1)3j}. \tag{2.4.27}$$

Die absolute Konvergenz der Reihen auf ganz $\mathbb{C}$ folgt mittels Quotientenkriterium für die beiden Teilreihen mit c_{3k} und c_{3k+1} als Koeffizienten.

Das hilft uns aber nicht, das Verhalten der Lösungen für große z zu untersuchen. Dazu benötigen wir eine alternative Darstellung der Funktionen als komplexe Kurvenintegrale und nutzen den Ansatz

$$f(z) = \frac{1}{2\pi \mathrm{i}} \int_\Gamma \mathrm{e}^{z\zeta} W(\zeta)\,\mathrm{d}\zeta \tag{2.4.28}$$

[7] George Biddel Airy, 1801–1892.

Abb. 2.3 Phasenportrait der Airyfunktion $\mathrm{Ai}(z)$, links für $|\mathrm{Re}\, z|, |\mathrm{Im}\, z| \leq 10$ rechts für $|\mathrm{Re}\, z|, |\mathrm{Im}\, z| \leq 20$

für eine zu bestimmende (holomorphe) Funktion $W(\zeta)$ und einen geeigneten (geschlossenen oder unbeschränkten) Weg Γ. Formales Einsetzen in die Differentialgleichung liefert nun mittels partieller Integration

$$\begin{aligned} 0 = f''(z) - zf(z) &= \frac{1}{2\pi \mathrm{i}} \int_\Gamma \mathrm{e}^{z\zeta} \left(\zeta^2 W(\zeta) - zW(\zeta)\right) \mathrm{d}\zeta \\ &= \frac{1}{2\pi \mathrm{i}} \int_\Gamma \mathrm{e}^{z\zeta} \left(\zeta^2 W(\zeta) + W'(\zeta)\right) \mathrm{d}\zeta, \end{aligned} \tag{2.4.29}$$

bei der Wahl des Integrationsweges haben wir später sicherzustellen, dass diese Rechnung korrekt war.

Das Integral verschwindet für jeden Integrationsweg, falls der Integrand identisch verschwindet. Dazu wählen wir W als Lösung der Differentialgleichung

$$W'(\zeta) = -\zeta^2 W(\zeta), \qquad \text{d.h.} \quad W(\zeta) = \mathrm{e}^{-\frac{1}{3}\zeta^3}. \tag{2.4.30}$$

Den Integrationsweg in

$$f(z) = \frac{1}{2\pi \mathrm{i}} \int_\Gamma \mathrm{e}^{z\zeta - \frac{\zeta^3}{3}} \,\mathrm{d}\zeta \tag{2.4.31}$$

wählen wir nichttrivial, indem wir damit zwei der Strahlen $\mathrm{e}^{\frac{2}{3}\pi k \mathrm{i}}\mathbb{R}_+$, $k \in \{0, 1, 2\}$, verbinden. Da entlang dieser Strahlen der Integrand zusammen mit seinen Ableitungen exponentiell fällt, war obige Rechnung korrekt und wir erhalten die gesuchte Lösungsdarstellung.

Für den Weg Γ_{Ai}, der aus Richtung $\mathrm{e}^{\frac{4}{3}\pi \mathrm{i}}$ kommt und nach $\mathrm{e}^{\frac{2}{3}\pi \mathrm{i}}$ verläuft, ergibt sich die *Airyfunktion erster Art*

$$\mathrm{Ai}(z) = \frac{1}{2\pi \mathrm{i}} \int_{\Gamma_{\mathrm{Ai}}} \mathrm{e}^{z\zeta - \frac{1}{3}\zeta^3} \,\mathrm{d}\zeta, \tag{2.4.32}$$

deren Phasenportrait in Abb. 2.3 dargestellt ist. Unser Ziel ist es, das Verhalten der Funktion $\mathrm{Ai}(z)$ für große z genauer zu untersuchen. Dazu nutzen wir die Sattelpunktmethode und untersuchen das Verhalten für $z = re^{i\theta}$ bei festem θ. Es gilt mit der Substitution $\zeta = \sqrt{r}\xi$

$$\mathrm{Ai}(re^{i\theta}) = \frac{\sqrt{r}}{2\pi i}\int_{\Gamma_{\mathrm{Ai}}} e^{r^{3/2}(e^{i\theta}\xi - \frac{1}{3}\xi^3)}\, d\xi = \frac{\sqrt{r}}{2\pi i}\int_{\Gamma_{\mathrm{Ai}}} e^{r^{3/2}h(\xi)}\, d\xi \tag{2.4.33}$$

mit $h(\xi) = e^{i\theta}\xi - \frac{1}{3}\xi^3$. Der Weg Γ_{Ai} wird so deformiert, dass er über die (eindeutig bestimmten) Sattelpunkte minimaler Höhe von $\operatorname{Re} h(\xi)$ in seiner Homotopieklasse verläuft. Aufgrund von $h'(\xi) = e^{i\theta} - \xi^2$ sind die beiden Sattelpunkte bei $\pm e^{i\theta/2}$ und es gilt

$$h(\pm e^{i\theta/2}) = \pm\frac{2}{3}e^{i3\theta/2}, \qquad \operatorname{Re} h(\pm e^{i\theta/2}) = \pm\frac{2}{3}\cos(3\theta/2) \tag{2.4.34}$$

sowie

$$h''(\pm e^{i\theta/2}) = \mp 2e^{i\theta/2}. \tag{2.4.35}$$

Für $\theta \in \{-\pi/3, \pi/3, \pi\}$ sind beide Sattelpunkte gleich hoch, jedoch ist nur der Fall $\theta = \pi$ besonders. Hier wechselt der optimale Sattelpunkt in der Homotopieklasse, siehe Abb. 2.4.

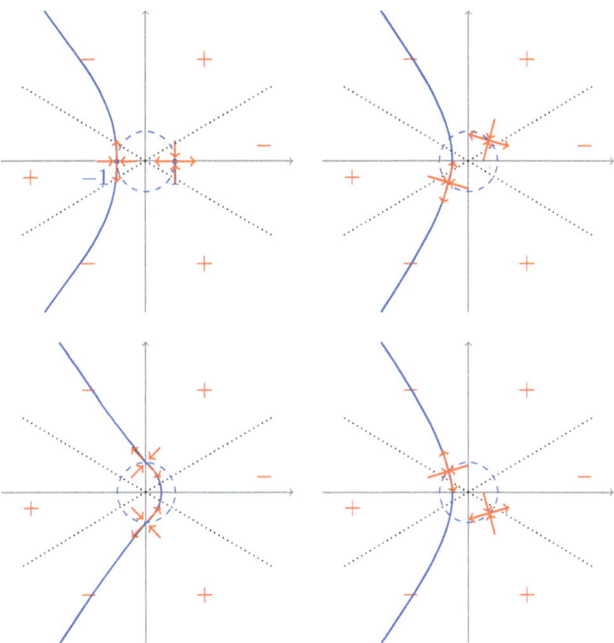

Abb. 2.4 Integrationswege für $\theta \in \{0, \pi/2, \pi, -\pi/2\}$ mod 2π

Für $\theta = \pi$ verläuft der Weg über beide Sattelpunkte. Das entspricht später einer[8] im asymptotischen Verhalten, sonst verläuft der Weg nur über einen Sattelpunkt und der gewählte Sattelpunkt ist stetig in der Richtung θ für $\theta \neq \pi$. Mit Formel (1.7.18) folgt für die Asymptotik $r \to \infty$ bei festem θ und unter Beschränkung auf den Hauptterm der Asymptotik

$$\begin{aligned} \mathrm{Ai}(r\mathrm{e}^{\mathrm{i}\theta}) &= \frac{\sqrt{r}}{2\pi\mathrm{i}} \int_{\Gamma_{\mathrm{Ai}}} \mathrm{e}^{r^{3/2}h(\xi)}\,\mathrm{d}\xi \\ &\sim \frac{\sqrt{r}}{2\pi\mathrm{i}} \sqrt{2\pi}\mathrm{e}^{r^{3/2}h(-\mathrm{e}^{\mathrm{i}\theta/2})}\mathrm{e}^{\mathrm{i}(\pi/2-\theta/4)} \frac{1}{r^{3/4}\sqrt{|h''(-\mathrm{e}^{\mathrm{i}\theta/2})|}} \\ &\sim \frac{1}{2\sqrt{\pi}r^{1/4}\mathrm{e}^{\mathrm{i}\theta/4}} \mathrm{e}^{-\frac{2}{3}r^{3/2}\mathrm{e}^{\mathrm{i}3\theta/2}} \end{aligned} \tag{2.4.36}$$

für $r \to \infty$. Es gilt also auf dem Strahl $\arg z = \theta$ zusammengefasst

$$\mathrm{Ai}(z) \sim \frac{\mathrm{e}^{-\frac{2}{3}z^{3/2}}}{2\sqrt{\pi}z^{1/4}}, \qquad |z| \to \infty. \tag{2.4.37}$$

Diese Asymptotik ist gleichmäßig auf Sektoren Σ_θ für $\theta < \pi$. Um das zu sehen nutzen wir den Satz von Phragmén–Lindelöf und benötigen zuerst noch eine grobe Abschätzung der Airyfunktionen. Dazu nutzen wir die Potenzreihendarstellung und schätzen grob die beiden Lösungen der Airygleichung mit $f(0) = 1$ und $f'(0) = 0$ sowie $f(0) = 0$ und $f'(0) = 1$ ab. Wegen

$$\begin{aligned} c_{3k} &= \frac{3^k(k-2/3)_k}{(3k)!} \le \frac{3^k k!}{(3k)!} \le \frac{3^k}{(2k)!}, \\ c_{3k+1} &= \frac{3^k(k-2/3)_k}{(3k+1)!} \le \frac{3^k k!}{(3k+1)!} \le \frac{3^k}{(2k)!} \end{aligned} \tag{2.4.38}$$

gilt

$$\begin{aligned} \left|\sum_{k=0}^{\infty} c_{3k} z^{3k}\right| &\le \sum_{k=0}^{\infty} \frac{1}{(2k)!} 3^k |z|^{3k} \le \exp(\sqrt{3}|z|^{3/2}), \\ \left|\sum_{k=0}^{\infty} c_{3k+1} z^{3k+1}\right| &\le \sum_{k=0}^{\infty} \frac{1}{(2k)!} 3^k |z|^{3k+1} \le |z| \exp(\sqrt{3}|z|^{3/2}) \end{aligned} \tag{2.4.39}$$

und somit folgt

$$\mathrm{Ai}(z)\,\mathrm{e}^{\frac{2}{3}z^{3/2}}\,z^{1/4} \in \mathbf{O}(\mathrm{e}^{3|z|^{3/2}}). \tag{2.4.40}$$

Damit ist aber in Sektoren $\Sigma \subset \Sigma_{\pi-\varepsilon}$ mit Öffnungswinkel kleiner $\pi/3$ der Satz von Phragmén–Lindelöf anwendbar und Korollar 2.4.5 liefert die Gleichmäßigkeit der

[8] Sir George Gabriel Stokes, 1819–1903.

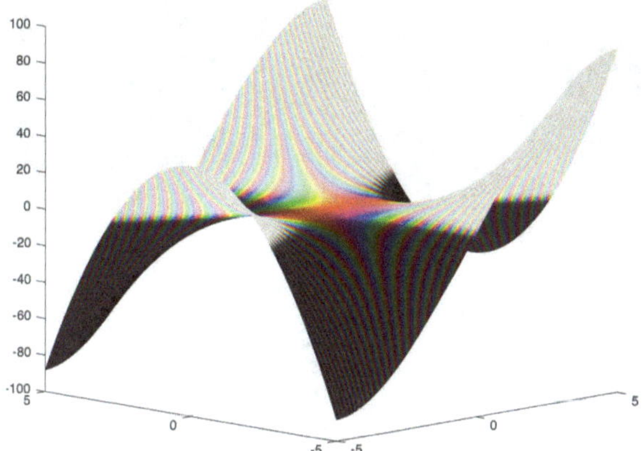

Abb. 2.5 Analytische Landschaft der Funktion $\exp(\xi - \frac{1}{3}\xi^3)$

Asymptotik. Also gilt, da man den Sektor $\Sigma_{\pi-\varepsilon}$ mit endlich vielen solcher Sektoren überdecken kann,

$$\mathrm{Ai}(z) \sim \frac{\mathrm{e}^{-\frac{2}{3}z^{3/2}}}{2\sqrt{\pi}z^{1/4}}, \qquad |z| \to \infty. \tag{2.4.41}$$

gleichmäßig in $\Sigma_{\pi-\varepsilon}$ für beliebig kleines $\varepsilon > 0$. Analog sieht man, dass die in jeder Richtung existierenden asymptotischen Entwicklungen konsistent sind (also dieselben Koeffizienten haben) und ebenso gleichmäßig in jedem Sektor $\Sigma_{\pi-\varepsilon}$

$$\mathrm{Ai}(z) \sim \frac{\mathrm{e}^{-\frac{2}{3}z^{3/2}}}{2\sqrt{\pi}z^{1/4}} \sum_{k=0}^{\infty} \alpha_k z^{-k}, \qquad |z| \to \infty, \tag{2.4.42}$$

mit Koeffizienten $\alpha_0 = 1$ und (berechenbaren) $\alpha_k \in \mathbb{R}$ gilt (Abb. 2.5 und 2.6).

Für $\theta = \pi$ verläuft der optimale Weg über beide Sattelpunkte und wir müssen die asymptotischen Terme beider Sattelpunkte addieren. Dies liefert die andersgeartete Asymptotik

$$\begin{aligned}
\mathrm{Ai}(z) &\sim \frac{\sqrt{r}}{2\pi\mathrm{i}}\sqrt{2\pi}\mathrm{e}^{r^{3/2}h(-\mathrm{e}^{\mathrm{i}\pi/2})}\mathrm{e}^{\mathrm{i}\pi/4}\frac{1}{r^{3/4}\sqrt{|h''(-\mathrm{e}^{\mathrm{i}\pi/2})|}} \\
&\quad + \frac{\sqrt{r}}{2\pi\mathrm{i}}\sqrt{2\pi}\mathrm{e}^{r^{3/2}h(\mathrm{e}^{\mathrm{i}\pi/2})}\mathrm{e}^{\mathrm{i}3\pi/4}\frac{1}{r^{3/4}\sqrt{|h''(\mathrm{e}^{\mathrm{i}\pi/2})|}} \\
&\sim \frac{1}{\sqrt{\pi}r^{1/4}}\frac{\mathrm{e}^{\mathrm{i}\pi/4}\mathrm{e}^{\mathrm{i}\frac{2}{3}r^{3/2}} + \mathrm{e}^{\mathrm{i}3\pi/4}\mathrm{e}^{-\mathrm{i}\frac{2}{3}r^{3/2}}}{2\mathrm{i}} \\
&\sim \frac{1}{\sqrt{\pi}|z|^{1/4}}\sin\left(\frac{2}{3}|z|^{3/2} + \frac{\pi}{4}\right), \qquad z \to -\infty.
\end{aligned} \tag{2.4.43}$$

mit $r = |z|$. Der Wechsel der Asymptotik (also das Wechseln zwischen den Sattelpunkten) wird als *Stokesphänomen* bezeichnet und findet hier entlang der *Stokeslinie* $\arg z = \pi$ statt.

Abb. 2.6 Phasenportraits der Funktion $\exp(e^{i\theta}\xi - \frac{1}{3}\xi^3)$ für $\theta \in \{0, \pi/2, \pi, 3\pi/2\}$

Um eine zweite zu $\mathrm{Ai}(z)$ linear unabhängige Lösung der Airyschen Differentialgleichung zu erhalten wählen wir den Integrationsweg Γ_{Bi} bestehend aus den *zwei* Wegen verlaufend von $e^{\frac{4}{3}\pi i}$ aus dem Unendlichen kommend zur reellen Achse nach Unendlich verlaufend sowie von $e^{\frac{2}{3}\pi i}$ kommend und entlang der reellen Achse ins Unendliche verlaufend und betrachten die *Airyfunktion zweiter Art*

$$\mathrm{Bi}(z) = \frac{1}{2\pi} \int_{\Gamma_{\mathrm{Bi}}} e^{z\zeta - \frac{1}{3}\zeta^3}\, d\zeta. \tag{2.4.44}$$

Nach Substitution $\zeta = \sqrt{r}\xi$ für $z = re^{i\theta}$ und optimaler Wahl des Weges verläuft dieser wie in nachfolgender Tab. 2.1 dargestellt.

Damit folgt

$$\mathrm{Bi}(z) = \frac{\sqrt{r}}{2\pi} \int_{\Gamma_{\mathrm{Bi}}} e^{r^{3/2}h(\xi)}\, d\xi \sim \frac{1}{\sqrt{\pi}\, r^{1/4} e^{i\theta/4}} e^{\frac{2}{3}r^{3/2}e^{i3\theta/2}} \sim \frac{e^{\frac{2}{3}z^{3/2}}}{\sqrt{\pi}\, z^{1/4}}, \quad |z| \to \infty, \tag{2.4.45}$$

Tab. 2.1 Abhängigkeit des die Asymptotik von $\mathrm{Bi}(z)$ bestimmenden Sattelpunktes und Weges vom Argument $\theta = \arg z$

θ	Relevante Sattelpunkte
$\|\theta\| < \pi/3$	Zweifach über den höheren Sattelpunkt in $\mathrm{e}^{\mathrm{i}\theta/2}$ in Richtung $\mathrm{e}^{-\mathrm{i}\theta/4}$
$\theta = \pi/3$	Zweifach über den Sattelpunkt $\mathrm{e}^{\mathrm{i}\pi/6}$ in Richtung $\mathrm{e}^{-\mathrm{i}\pi/12}$ und einfach über $-\mathrm{e}^{\mathrm{i}\pi/6}$ in Richtung $\mathrm{e}^{\mathrm{i}5\pi/12}$
$\theta = -\pi/3$	Zweifach über den Sattelpunkt $\mathrm{e}^{-\mathrm{i}\pi/6}$ in Richtung $\mathrm{e}^{\mathrm{i}\pi/12}$ und einfach über $-\mathrm{e}^{-\mathrm{i}\pi/6}$ in Richtung $\mathrm{e}^{-\mathrm{i}5\pi/12}$
$\pi/3 < \pm\theta < \pi$	Einfach über den höheren Sattelpunkt in $-\mathrm{e}^{\mathrm{i}\theta/2}$ in Richtung $\pm\mathrm{e}^{\mathrm{i}(\pi/2-\theta/4)}$
$\theta = \pi$	Über beide Sattelpunkte $\pm\mathrm{i} = \mathrm{e}^{\pm\mathrm{i}\pi/2}$ in Richtungen $\mathrm{e}^{\mp\mathrm{i}3\pi/4}$

wiederum gleichmäßig auf $\Sigma_{\pi/3-\varepsilon}$ für $\varepsilon > 0$,

$$\mathrm{Bi}(z) = \frac{\sqrt{r}}{2\pi}\int_{\Gamma_{\mathrm{Bi}}} \mathrm{e}^{r^{3/2}h(\xi)}\,\mathrm{d}\xi \sim \frac{\mathrm{i}}{2\sqrt{\pi}r^{1/4}\mathrm{e}^{\mathrm{i}\theta/4}}\mathrm{e}^{\frac{2}{3}r^{3/2}\mathrm{e}^{-\mathrm{i}3\theta/2}} \sim \mathrm{i}\frac{\mathrm{e}^{-\frac{2}{3}z^{3/2}}}{2\sqrt{\pi}z^{1/4}}, \quad |z| \to \infty, \tag{2.4.46}$$

gleichmäßig auf $\mathrm{e}^{\mathrm{i}2\pi/3}\Sigma_{\pi/3-\varepsilon}$ für $\varepsilon > 0$,

$$\mathrm{Bi}(z) = \frac{\sqrt{r}}{2\pi}\int_{\Gamma_{\mathrm{Bi}}} \mathrm{e}^{r^{3/2}h(\xi)}\,\mathrm{d}\xi \sim \frac{-\mathrm{i}}{2\sqrt{\pi}r^{1/4}\mathrm{e}^{\mathrm{i}\theta/4}}\mathrm{e}^{\frac{2}{3}r^{3/2}\mathrm{e}^{-\mathrm{i}3\theta/2}} \sim -\mathrm{i}\frac{\mathrm{e}^{-\frac{2}{3}z^{3/2}}}{2\sqrt{\pi}z^{1/4}}, \quad |z| \to \infty, \tag{2.4.47}$$

gleichmäßig auf $\mathrm{e}^{-\mathrm{i}2\pi/3}\Sigma_{\pi/3-\varepsilon}$ für $\varepsilon > 0$,

$$\mathrm{Bi}(r\mathrm{e}^{\pm\mathrm{i}\pi/3}) \sim \frac{1}{\sqrt{\pi}r^{1/4}}\left(\mathrm{e}^{\mp\mathrm{i}\pi/12}\mathrm{e}^{\mathrm{i}\frac{2}{3}r^{3/2}} + \frac{\mathrm{e}^{\pm\mathrm{i}\pi/3}}{2}\mathrm{e}^{\pm\mathrm{i}\pi/12}\mathrm{e}^{-\mathrm{i}\frac{2}{3}r^{3/2}}\right), \quad r \to \infty \tag{2.4.48}$$

für $\theta = \pm\frac{\pi}{3}$, sowie im Falle $\theta = \pi$

$$\begin{aligned}\mathrm{Bi}(z) &\sim \frac{1}{\sqrt{\pi}r^{1/4}}\frac{\mathrm{e}^{\mathrm{i}\pi/4}\mathrm{e}^{\mathrm{i}\frac{2}{3}r^{3/2}} - \mathrm{e}^{-\mathrm{i}3\pi/4}\mathrm{e}^{-\mathrm{i}\frac{2}{3}r^{3/2}}}{2\mathrm{i}}\\ &\sim \frac{1}{\sqrt{\pi}|z|^{1/4}}\cos\left(\frac{2}{3}|z|^{3/2} + \frac{\pi}{4}\right), \qquad z \to -\infty.\end{aligned} \tag{2.4.49}$$

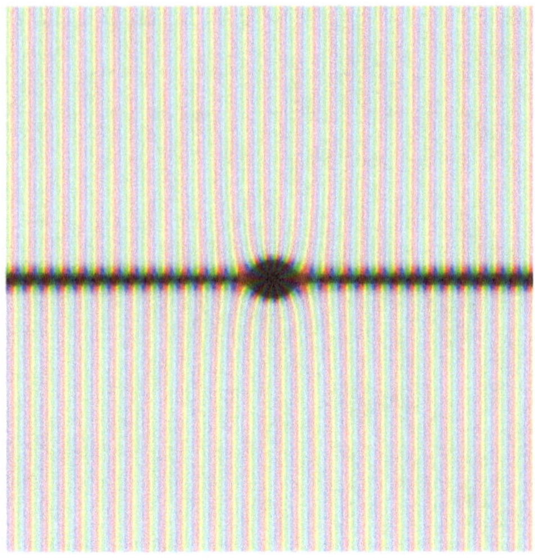

Abb. 2.7 Phasenportrait der Besselfunktion $\mathcal{J}_{10}(z)$ für $|\operatorname{Re} z|, |\operatorname{Im} z| \leq 100$

2.4.8 Beispiel (Besselfunktionen) Als zweites Beispiel betrachten wir die *Besselfunktionen*[9] $\mathcal{J}_n$ erster Art und Ordnung n. Diese besitzen die Erzeugendenfunktion

$$\sum_{n=-\infty}^{\infty} \mathcal{J}_n(z)\zeta^n = \mathrm{e}^{\frac{z}{2}\left(\zeta - \frac{1}{\zeta}\right)} \tag{2.4.50}$$

und damit die Integraldarstellung

$$\mathcal{J}_n(z) = \frac{1}{2\pi\mathrm{i}} \oint \frac{\mathrm{e}^{\frac{z}{2}\left(\zeta - \frac{1}{\zeta}\right)}}{\zeta^{n+1}}\, \mathrm{d}\zeta \tag{2.4.51}$$

für einen den Ursprung einmal positiv umlaufenden geschlossenen Integrationsweg. Die Besselfunktionen $\mathcal{J}_n$ sind ganz, es stellt sich wiederum die Frage nach ihrem asymptotischen Verhalten für große z. Offenbar gilt $\mathcal{J}_n(-z) = (-1)^n \mathcal{J}_n(z)$.

Direkt aus der Definition und mit dem Einheitskreis als Integrationsweg ergibt sich die grobe Abschätzung

$$|\mathcal{J}_n(z)| \leq \frac{1}{2\pi} \oint |\mathrm{e}^{z\mathrm{i}\operatorname{Im}\zeta}|\, |\mathrm{d}\zeta| \leq \mathrm{e}^{|\operatorname{Im} z|}. \tag{2.4.52}$$

Für das weitere gehen wir analog zum letzten Beispiel vor und betrachten $z = r\mathrm{e}^{\mathrm{i}\theta}$ für gegebenes θ und suchen eine Asymptotik für $r \to \infty$. Da dann

$$\mathcal{J}_n(r\mathrm{e}^{\mathrm{i}\theta}) = \frac{1}{2\pi\mathrm{i}} \oint \frac{\mathrm{e}^{\frac{r}{2}\mathrm{e}^{\mathrm{i}\theta}\left(\zeta - \frac{1}{\zeta}\right)}}{\zeta^{n+1}}\, \mathrm{d}\zeta \tag{2.4.53}$$

[9] Friedrich Wilhelm Bessel, 1784–1846.

gilt, stellt sich die Frage nach Sattelpunkten der Funktion $h(\zeta) = e^{i\theta}\frac{1}{2}(\zeta - \frac{1}{\zeta})$. Diese liegen wegen $h'(\zeta) = e^{i\theta}\frac{1}{2}(1 + \frac{1}{\zeta^2})$ in den Punkten $\zeta = \pm i$ mit $h''(\pm i) = \mp e^{i(\theta+\pi/2)}$. Wegen

$$\operatorname{Re} h(\pm i) = \mp \sin\theta \tag{2.4.54}$$

ist für $\theta \in (0, \pi)$ der Sattelpunkt in $-i$ höher, während für $\theta \in (-\pi, 0)$ der Sattelpunkt in i der Höhere ist. Für $\theta \in \{0, \pi\}$ sind beide gleich hoch. Der geschlossene Integrationsweg verläuft jeweils über beide Sattelpunkte.

Also ist die reelle Achse eine Stokeslinie und das asymptotische Verhalten der Besselfunktionen in der oberen Halbebene unterscheidet sich vom asymptotischen Verhalten der Besselfunktionen in der unteren Halbebene. In der oberen Halbebene, also mit $\theta \in (0, \pi)$, impliziert (1.7.18)

$$\begin{aligned}\mathcal{J}_n(re^{i\theta}) &= \frac{1}{2\pi i}\oint \frac{e^{rh(\zeta)}}{\zeta^{n+1}}\,d\zeta \sim \frac{1}{2\pi i}e^{rh(-i)}e^{i(\frac{\pi}{4}-\frac{\theta}{2})}e^{i(n+1)\frac{\pi}{2}}\frac{\sqrt{2\pi}}{\sqrt{r}}\\ &\sim \frac{1}{\sqrt{2\pi r}\,e^{i\theta/2}}e^{-ire^{i\theta}}e^{i(\frac{\pi}{4}+n\frac{\pi}{2})} \\ \mathcal{J}_n(z) &\sim \frac{1}{\sqrt{2\pi z}}e^{-iz}e^{i(\frac{\pi}{4}+n\frac{\pi}{2})}, \qquad |z| \to \infty,\end{aligned} \tag{2.4.55}$$

und analog für die untere Halbebene, also $\theta \in (-\pi, 0)$

$$\begin{aligned}\mathcal{J}_n(re^{i\theta}) &\sim \frac{1}{2\pi i}e^{rh(i)}e^{-i(\frac{\pi}{4}+\frac{\theta}{2})}e^{-i(n+1)\frac{\pi}{2}}\frac{\sqrt{2\pi}}{\sqrt{r}} \sim \frac{1}{\sqrt{2\pi r}\,e^{i\theta/2}}e^{ire^{i\theta}}e^{-i(\frac{\pi}{4}+n\frac{\pi}{2})}\\ \mathcal{J}_n(z) &\sim \frac{1}{\sqrt{2\pi z}}e^{iz}e^{-i(\frac{\pi}{4}+n\frac{\pi}{2})}, \qquad |z| \to \infty,\end{aligned} \tag{2.4.56}$$

sowie für $z > 0$ als Summe beider Darstellungen

$$\mathcal{J}_n(z) \sim \sqrt{\frac{2}{\pi z}}\cos\left(z - \frac{\pi n}{2} - \frac{\pi}{4}\right), \qquad z \to +\infty. \tag{2.4.57}$$

Die asymptotischen Formeln sind wiederum gleichmäßig in Sektoren innerhalb der jeweiligen Halbebenen. In Abb. 2.7 ist die Besselfunktion $\mathcal{J}_{10}$ dargestellt, das gerade gezeigte Verhalten ist aus der Darstellung ersichtlich.

Besselfunktionen lösen ebenso eine Differentialgleichung. Diese leiten wir aus der Integraldarstellung (2.4.51) in der Form

$$\mathcal{J}_n(z) = \frac{1}{2\pi i}\oint \frac{e^{\frac{z}{2}\left(\zeta-\frac{1}{\zeta}\right)}}{\zeta^{n+1}}\,d\zeta = \frac{1}{2\pi i}\left(\frac{z}{2}\right)^n \oint \frac{e^{\zeta-\frac{z^2}{4\zeta}}}{\zeta^{n+1}}\,d\zeta \tag{2.4.58}$$

durch Differenzieren ab. Es gilt

$$\begin{aligned}
&\mathcal{J}_n''(z) + \frac{1}{z}\mathcal{J}_n'(z) + \left(1 - \frac{n^2}{z^2}\right)\mathcal{J}_n(z) \\
&= \frac{1}{2\pi\mathrm{i}}\left(\frac{z}{2}\right)^n \oint \left(\frac{n(n-1)}{z^2} - \frac{n}{\zeta} + \frac{z^2}{4\zeta^2} - \frac{1}{2\zeta} + \frac{n}{z^2} - \frac{1}{2\zeta} + 1 - \frac{n^2}{z^2}\right)\frac{\mathrm{e}^{\zeta - \frac{z^2}{4\zeta}}}{\zeta^{n+1}}\,\mathrm{d}\zeta \\
&= \frac{1}{2\pi\mathrm{i}}\left(\frac{z}{2}\right)^n \oint \left(1 - \frac{n+1}{\zeta} + \frac{z^2}{4\zeta^2}\right)\frac{\mathrm{e}^{\zeta - \frac{z^2}{4\zeta}}}{\zeta^{n+1}}\,\mathrm{d}\zeta \qquad (2.4.59) \\
&= \frac{1}{2\pi\mathrm{i}}\left(\frac{z}{2}\right)^n \oint \frac{\mathrm{d}}{\mathrm{d}\zeta}\frac{\mathrm{e}^{\zeta - \frac{z^2}{4\zeta}}}{\zeta^{n+1}}\,\mathrm{d}\zeta = 0
\end{aligned}$$

da der nun auftretende Integrand eine Ableitung ist. Also gilt für Besselfunktionen $\mathcal{J}_n$ die *Besselsche Differentialgleichung*

$$z^2\mathcal{J}_n''(z) + z\mathcal{J}_n'(z) + \left(z^2 - n^2\right)\mathcal{J}_n(z) = 0. \qquad (2.4.60)$$

Integraltransformationen 3

In diesem Kapitel betrachten wir Integraltransformationen, welche gegebenen Funktionen $f : [0, \infty) \to \mathbb{C}$ holomorphe Funktionen $\mathscr{T}[f] : \Sigma \to \mathbb{C}$ auf Halbebenen oder Streifen Σ zuordnen. Diese verallgemeinern in gewissem Sinne die schon betrachteten Erzeugendenfunktionen für Folgen und uns interessiert wiederum der Zusammenhang zwischen asymptotischem Verhalten von f und holomorphen beziehungsweise meromorphen Fortsetzungen von $\mathscr{T}[f]$.

3.1 Die Laplacetransformation

Wir betrachten vorerst stetige Funktionen $f : [0, \infty) \to \mathbb{C}$.

3.1.1 Proposition *Sei* $\ln(1 + |f(t)|) \in \mathbf{O}(t)$ *für* $t \to \infty$ *und bezeichne*

$$\delta_{\mathscr{L}}(f) = \limsup_{t\to\infty} \frac{\ln|f(t)|}{t}. \tag{3.1.1}$$

Dann ist

$$\mathscr{L}[f](z) = \int_0^\infty \mathrm{e}^{-zt} f(t)\,\mathrm{d}t, \qquad \operatorname{Re} z > \delta_{\mathscr{L}}(f), \tag{3.1.2}$$

holomorph in der Halbebene $\{z \in \mathbb{C} : \operatorname{Re} z > \delta_{\mathscr{L}}(f)\}$ *und erfüllt die Abschätzung*

$$|\mathscr{L}[f](z)| \le \frac{C}{\operatorname{Re} z - \delta}, \qquad \operatorname{Re} z > \delta > \delta_{\mathscr{L}}(f) \tag{3.1.3}$$

mit einer von f und δ abhängenden Konstanten C. Die durch (3.1.2) *definierte Funktion* $\mathscr{L}[f] \in \mathcal{A}(\{\operatorname{Re} z > \delta_{\mathscr{L}}(f)\})$ *wird als* Laplacetransformierte *von f bezeichnet.*

J. Wirth, *Asymptotische Analysis*,
https://doi.org/10.1007/978-3-662-73343-1_3

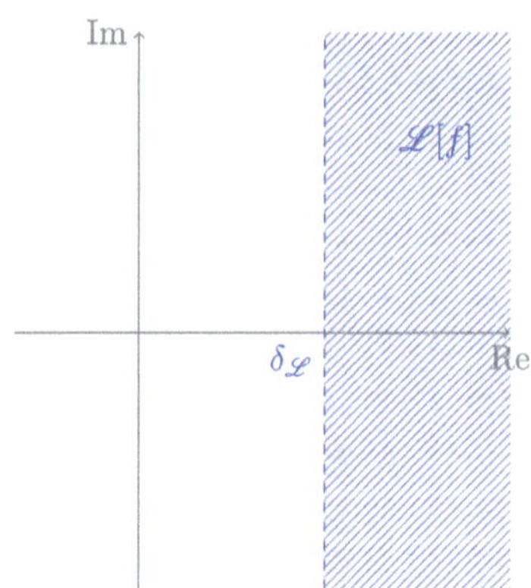

Abb. 3.1 Konvergenzgebiet der Laplacetransformation

Beweis Sei $\operatorname{Re} z > \delta > \delta_{\mathscr{L}}(f)$. Dann gilt aufgrund der Definition von $\delta_{\mathscr{L}}(t)$

$$|f(t)| \leq C\mathrm{e}^{\delta t} \tag{3.1.4}$$

und somit die punktweise Abschätzung

$$|\mathscr{L}[f](z)| \leq \int_0^\infty \mathrm{e}^{-t \operatorname{Re} z}|f(t)|\,\mathrm{d}t \leq C \int_0^\infty \mathrm{e}^{(\delta - \operatorname{Re} z)t}\,\mathrm{d}t = \frac{C}{\operatorname{Re} z - \delta}. \tag{3.1.5}$$

Also konvergiert das Integral absolut und lokal gleichmäßig und $\mathscr{L}[f]$ ist holomorph auf jeder Halbebene $\{z \ :\ \operatorname{Re} z > \delta\}$ mit $\delta > \delta_{\mathscr{L}}(f)$ (Abb. 3.1). □

Wir beginnen damit, die elementaren Eigenschaften der Laplacetransformation zusammenzufassen.

3.1.2 Proposition (Linearität) *Die Transformation $\mathscr{L}$ ist linear; genauer es gilt*

$$\delta_{\mathscr{L}}(f+g) \leq \max\{\delta_{\mathscr{L}}(f), \delta_{\mathscr{L}}(g)\}, \tag{3.1.6}$$

sowie

$$\mathscr{L}[f+\alpha g](z) = \mathscr{L}[f](z) + \alpha\mathscr{L}[g](z), \qquad \operatorname{Re} z > \max\{\delta_{\mathscr{L}}(f), \delta_{\mathscr{L}}(g)\}, \tag{3.1.7}$$

für beliebiges $\alpha \in \mathbb{C}$.

Beweis Die Aussage folgt direkt aus der Linearität des Integrals. □

3.1.3 Definition Seien $f, g : [0,\infty) \to \mathbb{C}$ zwei stetige (oder lokal integrierbare messbare) Funktionen. Dann bezeichne

$$f{\star}g(t) = \int_0^t f(t-s)g(s)\,\mathrm{d}s \tag{3.1.8}$$

ihre *Laplacefaltung*.

3.1.4 Proposition (Faltungssatz) *Es gilt* $\delta_{\mathscr{L}}(f \star g) \leq \max\{\delta_{\mathscr{L}}(f), \delta_{\mathscr{L}}(g)\}$ *sowie*

$$\mathscr{L}[f \star g](z) = \mathscr{L}[f](z)\,\mathscr{L}[g](z), \qquad \operatorname{Re} z > \max\{\delta_{\mathscr{L}}(f), \delta_{\mathscr{L}}(g)\}. \tag{3.1.9}$$

Beweis Es gilt unter Ausnutzung des Satzes von Fubini

$$\begin{aligned}
\mathscr{L}[f \star g](z) &= \int_0^\infty \mathrm{e}^{-zt} \int_0^t f(t-s)g(s)\,\mathrm{d}s\,\mathrm{d}t \\
&= \int_0^\infty \mathrm{e}^{-zs} \int_s^\infty \mathrm{e}^{-z(t-s)} f(t-s)\,\mathrm{d}t g(s)\,\mathrm{d}s \\
&= \mathscr{L}[f](z)\,\mathscr{L}[g](z)
\end{aligned} \tag{3.1.10}$$

solange $\operatorname{Re} z > \max\{\delta_{\mathscr{L}}(f), \delta_{\mathscr{L}}(g)\}$. □

3.1.5 Proposition

(1) (Dämpfungssatz) *Sei* $g(t) = \mathrm{e}^{-\mu t} f(t)$ *für ein* $\mu \in \mathbb{C}$. *Dann gilt* $\delta_{\mathscr{L}}(g) = \delta_{\mathscr{L}}(f) - \operatorname{Re} \mu$ *sowie*

$$\mathscr{L}[g](z) = \mathscr{L}[f](z+\mu), \qquad \operatorname{Re} z > \delta_{\mathscr{L}}(f) - \operatorname{Re} \mu. \tag{3.1.11}$$

(2) *Sei* $g(t) = tf(t)$. *Dann gilt* $\delta_{\mathscr{L}}(g) = \delta_{\mathscr{L}}(f)$, *sowie*

$$\frac{\mathrm{d}}{\mathrm{d}z}\mathscr{L}[f](z) = -\mathscr{L}[g](z), \qquad \operatorname{Re} z > \delta_{\mathscr{L}}(f). \tag{3.1.12}$$

Beweis **(1)** folgt direkt aus der Definition. • **(2)** folgt, da $t\mathrm{e}^{-zt} = -\partial_z \mathrm{e}^{-zt}$ und die absolute Integrierbarkeit für $\operatorname{Re} z > \delta_{\mathscr{L}}(f)$ das Vertauschen von Integral und Ableitung rechtfertigt. □

3.1.6 Proposition (Differentiationssatz) *Sei* f *differenzierbar und gelte* $\delta_{\mathscr{L}}(f') < \infty$. *Dann gilt* $\delta_{\mathscr{L}}(f) \leq \max\{\delta_{\mathscr{L}}(f'), 0\}$ *sowie*

$$\mathscr{L}[f'](z) = z\mathscr{L}[f](z) - f(0). \tag{3.1.13}$$

Beweis Aus $\delta > \circ_{\mathscr{L}}(f')$ folgt $|f'(t)| \leq C\mathrm{e}^{\delta t}$ und damit impliziert

$$f(t) = f(0) + \int_0^t f'(s)\,\mathrm{d}s \tag{3.1.14}$$

schon

$$|f(t)| \leq |f(0)| + C\int_0^t \mathrm{e}^{\delta s}\,\mathrm{d}s = |f(0)| + \frac{C}{\delta}\mathrm{e}^{\delta t} - \frac{C}{\delta} \tag{3.1.15}$$

und damit $\delta_{\mathscr{L}}(f) \leq \max\{\delta, 0\}$. Das impliziert $\delta_{\mathscr{L}}(f) \leq \max\{\delta_{\mathscr{L}}(f'), 0\}$ und somit liefert partielle Integration

$$\begin{aligned}\mathscr{L}[f'](z) &= \int_0^\infty \mathrm{e}^{-zt} f'(t)\,\mathrm{d}t \\ &= \mathrm{e}^{-zt} f(t)\Big|_{t=0}^{\infty} + z\int_0^\infty \mathrm{e}^{-zt} f(t)\,\mathrm{d}t = z\mathscr{L}[f](z) - f(0).\end{aligned} \tag{3.1.16}$$

□

3.1.7 Beispiele In der nachfolgenden Tab. 3.1 sind einige elementare Funktionen und ihre Laplacetransformierten zusammengetragen. Sie wird für weitere Rechnungen wichtig sein. Die Transformierten ergeben sich durch direktes nachrechnen. So gilt

$$\int_0^\infty \mathrm{e}^{-zt}\mathrm{e}^{\lambda t}\,\mathrm{d}t = \int_0^\infty \mathrm{e}^{-(z-\lambda)t}\,\mathrm{d}t = \frac{1}{z-\lambda} \tag{3.1.17}$$

und damit die erste Tabellenzeile. Weiter gilt damit unter Ausnutzung von Proposition 3.1.5 (2)

$$\int_0^\infty \mathrm{e}^{-zt}t^k\mathrm{e}^{\lambda t}\,\mathrm{d}t = \left(-\frac{\mathrm{d}}{\mathrm{d}z}\right)^k \int_0^\infty \mathrm{e}^{-(z-\lambda)t}\,\mathrm{d}t = \frac{k!}{(z-\lambda)^{k+1}}. \tag{3.1.18}$$

Dies erlaubt die Bestimmung der Laplacetransformierten aller trigonometrischen Polynome sowie aller Produkte aus Polynomen und trigonometrischen Funktionen. Ein weiteres Beispiel ergibt sich direkt aus der Definition der Gamma-Funktion. Es gilt

$$\int_0^\infty \mathrm{e}^{-zt}t^\lambda\,\mathrm{d}t = \int_0^\infty \mathrm{e}^{-s}\left(\frac{s}{z}\right)^{\lambda+1}\frac{\mathrm{d}s}{s} = \frac{\Gamma(\lambda+1)}{z^{\lambda+1}} \tag{3.1.19}$$

unter Ausnutzung der Substitution $s = zt$ und für $z \in \mathbb{R}$. Für die Halbebene $\operatorname{Re} z > 0$ liefert holomorphe Fortsetzung die Laplacetransformierte.

Mitunter sind Differentiationssätze und Dämpfungssätze zur Berechnung der Transformation hilfreich. Um $(\mathrm{e}^{\lambda t} - \mathrm{e}^{\mu t})/t$ zu transformieren, nutzen wir, dass nach Multiplikation mit t die Funktion $\mathrm{e}^{\lambda t} - \mathrm{e}^{\mu t}$ mit der Transformierten $1/(z-\lambda) - 1/(z-\mu)$ entsteht. Da Multiplikation mit t im Laplacebild der Ableitung $-\mathrm{d}/\mathrm{d}z$ entspricht, benötigen wir eine Stammfunktion. Diese ist

$$-\int \frac{1}{z-\lambda} - \frac{1}{z-\mu}\,\mathrm{d}z = -\ln(z-\lambda) + \ln(z-\mu) + C = \ln\frac{z-\mu}{z-\lambda} + C \tag{3.1.20}$$

und da wir das Laplacebild einer stetigen Funktion suchen ergibt sich C aus der Abschätzung (3.1.3) und damit durch Nullsetzen des Grenzwertes $z \to +\infty$.

Die sinnvolle Nutzbarkeit einer solchen Tabelle hängt an der Injektivität der Transformation. Diese wird in Satz 3.1.8 gezeigt. Nimmt man diese vorerst naiv an, so

Tab. 3.1 Funktionen und ihre Laplacetransformierten

Funktion	Laplacetransformierte	Konvergenzabszisse
$e^{\lambda t}, \quad \lambda \in \mathbb{C}$	$\frac{1}{z-\lambda}$	$\delta_{\mathscr{L}} = \operatorname{Re}\lambda$
$t^k e^{\lambda t}, \quad \lambda \in \mathbb{C},\ k \in \mathbb{N}$	$\left(-\frac{d}{dz}\right)^k \frac{1}{z-\lambda} = \frac{k!}{(z-\lambda)^{k+1}}$	$\delta_{\mathscr{L}} = \operatorname{Re}\lambda$
$\cos(\lambda t), \quad \lambda \in \mathbb{R}$	$\frac{z}{z^2+\lambda^2}$	$\delta_{\mathscr{L}} = 0$
$\sin(\lambda t), \quad \lambda \in \mathbb{R}$	$\frac{\lambda}{z^2+\lambda^2}$	$\delta_{\mathscr{L}} = 0$
$t^\lambda, \quad \operatorname{Re}\lambda > -1$	$\frac{\Gamma(\lambda+1)}{z^{\lambda+1}}$	$\delta_{\mathscr{L}} = 0$
$\frac{e^{\lambda t}-e^{\mu t}}{t}, \quad \lambda, \mu \in \mathbb{C}$	$\ln \frac{z-\mu}{z-\lambda}$	$\delta_{\mathscr{L}} = \min\{\operatorname{Re}\lambda, \operatorname{Re}\mu\}$

ergibt sich aus obiger Tabelle insbesondere die Inversion der Laplacetransformation auf rationalen Funktionen durch Partialbruchzerlegung. So liefert

$$\mathscr{L}[f](z) = \sum_{k=1}^{n} \sum_{\ell=0}^{\nu_k - 1} \alpha_{k,\ell} \frac{\ell!}{(z - z_k)^{\ell+1}} \tag{3.1.21}$$

mit Koeffizienten $\alpha_{k,\ell} \in \mathbb{C}$ und Polen $z_k \in \mathbb{C}$ für die Originalfunktion die Darstellung

$$f(t) = \sum_{k=1}^{n} \sum_{\ell=0}^{\nu_k - 1} \alpha_{k,\ell}\, t^\ell e^{z_k t}. \tag{3.1.22}$$

Polstellen der Laplacetransformierten entsprechen also Exponentialterme.

3.1.8 Satz (Eindeutigkeitssatz von Lerch[1]) *Seien f und g stetig mit $\delta_{\mathscr{L}}(f), \delta_{\mathscr{L}}(g) < \infty$. Angenommen, es gilt mit $\delta = \max\{\delta_{\mathscr{L}}(f), \delta_{\mathscr{L}}(g)\}$*

$$\mathscr{L}[f](z) = \mathscr{L}[g](z), \qquad z \in S \subset \{z : \operatorname{Re} z > \delta\} \tag{3.1.23}$$

für eine Menge S, die mindestens einen ihrer Häufungspunkte enthält. Dann gilt $f = g$.

Beweis Mit dem Verschiebungssatz können wir annehmen, dass $\delta < -1$ gilt. Da nun sowohl $\mathscr{L}[f]$ als auch $\mathscr{L}[g]$ auf $\{\operatorname{Re} z > -1\}$ holomorph sind, liefert der Identitätssatz A.2.5 holomorpher Funktionen aus $\mathscr{L}[f](z) = \mathscr{L}[g](z)$ auf S schon die Gleichheit auf der gesamten Menge $\{\operatorname{Re} z > -1\}$. Weiter gilt $f, g \in \mathbf{o}(e^{-t}), t \to \infty$. Betrachtet man also die Hilfsfunktionen

$$\tilde{f}(s) = f(-\ln s) \qquad \text{und} \qquad \tilde{g}(s) = g(-\ln s), \tag{3.1.24}$$

[1] MATYÁŠ LERCH, 1860–1922.

so sind diese stetig auf (0, 1] und erfüllen

$$\lim_{s\to 0} \tilde{f}(s)/s = \lim_{s\to 0} \tilde{g}(s)/s = 0. \tag{3.1.25}$$

Wählt man nun speziell die Punkte $z = n \in \mathbb{N}_0$, so folgt

$$\begin{aligned}\int_0^1 s^n \tilde{f}(s)\frac{\mathrm{d}s}{s} &= \int_0^\infty \mathrm{e}^{-nt} f(t)\,\mathrm{d}t = \mathscr{L}[f](n) = \mathscr{L}[g](n)\\ &= \int_0^\infty \mathrm{e}^{-nt} g(t)\,\mathrm{d}t = \int_0^1 s^n \tilde{g}(s)\frac{\mathrm{d}s}{s}\end{aligned} \tag{3.1.26}$$

und, da nach dem Weierstraßschen Approximationssatz die Menge der Polynome dicht in den stetigen Funktionen C[0, 1] ist, die Behauptung $\tilde{f} = \tilde{g}$. □

3.1.9 Satz (Laplace, Bromwichintegral[2]) *Sei f stetig mit $\delta_{\mathscr{L}}(f) < \gamma$. Dann gilt für jeden Punkt $t > 0$, in welchem f hölderstetig ist*

$$f(t) = \frac{1}{2\pi\mathrm{i}}\,\text{v.p.}\int_{\gamma-\mathrm{i}\infty}^{\gamma+\mathrm{i}\infty} \mathrm{e}^{tz}\mathscr{L}[f](z)\,\mathrm{d}z = \lim_{R\to\infty}\frac{1}{2\pi\mathrm{i}}\int_{\gamma-\mathrm{i}R}^{\gamma+\mathrm{i}R} \mathrm{e}^{tz}\mathscr{L}[f](z)\,\mathrm{d}z. \tag{3.1.27}$$

Beweis Es gilt für $\gamma > \delta_{\mathscr{L}}(f)$ und jedes $t > 0$

$$\begin{aligned}&\frac{1}{2\pi\mathrm{i}}\int_{\gamma-\mathrm{i}R}^{\gamma+\mathrm{i}R} \mathrm{e}^{tz}\int_0^\infty \mathrm{e}^{-zs} f(s)\,\mathrm{d}s\,\mathrm{d}z = \frac{1}{2\pi\mathrm{i}}\int_0^\infty \left(\int_{\gamma-\mathrm{i}R}^{\gamma+\mathrm{i}R} \mathrm{e}^{(t-s)z}\,\mathrm{d}z\right) f(s)\,\mathrm{d}s\\ &= \frac{1}{\pi}\int_0^\infty \frac{\mathrm{e}^{\mathrm{i}R(t-s)} - \mathrm{e}^{-\mathrm{i}R(t-s)}}{2\mathrm{i}}\frac{\mathrm{e}^{(t-s)\gamma}}{t-s} f(s)\,\mathrm{d}s\\ &= \frac{1}{\pi}\int_0^\infty \frac{\sin((t-s)R)}{(t-s)}\mathrm{e}^{(t-s)\gamma} f(s)\,\mathrm{d}s = \frac{1}{\pi}\int_{-t}^\infty \frac{\sin(R\tau)}{\tau}\mathrm{e}^{-\gamma\tau} f(t+\tau)\,\mathrm{d}\tau\end{aligned} \tag{3.1.28}$$

mit der Substitution $\tau = s - t$. Wir setzen $g(t) = \mathrm{e}^{-\gamma t} f(t)$ für $t \geq 0$ und $g(t) = 0$ für $t < 0$. Dann ergibt obiges Integral

$$\begin{aligned}&= \mathrm{e}^{\gamma t}\frac{1}{\pi}\int_{-\infty}^\infty \frac{\sin(R\tau)}{\tau} g(t+\tau)\,\mathrm{d}\tau\\ &= \mathrm{e}^{\gamma t}\frac{1}{\pi}\int_{-\infty}^\infty \frac{\sin(R\tau)}{\tau}\left(g(t+\tau) - g(t)\right)\mathrm{d}\tau + f(t)\frac{1}{\pi}\int_{-\infty}^\infty \frac{\sin(R\tau)}{\tau}\,\mathrm{d}\tau,\end{aligned} \tag{3.1.29}$$

[2] Thomas John I'Anson Bromwich, 1875–1929.

und es bleibt, das den Grenzwert für $R \to \infty$ zu untersuchen. Da

$$\int_{-\infty}^{\infty} \frac{\sin(R\tau)}{\tau}\,\mathrm{d}\tau = \int_{-\infty}^{\infty} \frac{\sin\tau}{\tau}\,\mathrm{d}\tau = \pi \tag{3.1.30}$$

gilt, liefert der zweite Summand den Wert $f(t)$. Wir zerlegen das erste Integral in drei Teile

$$\begin{aligned}\int_{-\infty}^{\infty} &\frac{\sin(R\tau)}{\tau}\,(g(t+\tau)-g(t))\,\mathrm{d}\tau\\ &= \int_{-B}^{B} \frac{g(t+\tau)-g(t)}{\tau}\,\sin(R\tau)\,\mathrm{d}\tau\\ &\quad+ \int_{|\tau|>B} \frac{g(t+\tau)}{\tau}\,\sin(R\tau)\,\mathrm{d}\tau - g(t)\int_{|\tau|>B}\frac{\sin(R\tau)}{\tau}\,\mathrm{d}\tau\end{aligned} \tag{3.1.31}$$

und betrachten diese einzeln. Wir betrachten zuerst die letzten beiden Terme. Aufgrund der Konvergenz des uneigentlichen Integrals (3.1.30) gilt

$$\lim_{B\to\infty}\int_{|\tau|>B}\frac{\sin(R\tau)}{\tau}\,\mathrm{d}\tau = \lim_{B\to\infty}\int_{|\tau|>RB}\frac{\sin\tau}{\tau}\,\mathrm{d}\tau = 0 \tag{3.1.32}$$

und (gleichmäßig in $R > 1$) kann B so groß gewählt werden, dass der dritte Term betragsmäßig kleiner $\varepsilon/3$ ist. Weiter gilt

$$\lim_{B\to\infty}\int_{|\tau|>B}\left|\frac{g(t+\tau)}{\tau}\,\sin(R\tau)\,\mathrm{d}\tau\right| \le \lim_{B\to\infty}\int_{|\tau|>B}\frac{|g(t+\tau)|}{\tau}\,\mathrm{d}\tau = 0 \tag{3.1.33}$$

aufgrund der exponentiellen Schranke $g(t) \le \mathbf{O}(\mathrm{e}^{-(\delta-\gamma)t})$ für $\delta_{\mathscr{L}}(f) < \delta < \gamma$ und der damit verbundenen absoluten Integrierbarkeit. Wir vergrößern B bis auch der zweite Term kleiner als $\varepsilon/3$ ist. Es bleibt der erste Term. Für diesen verwenden wir das bekannte Riemann–Lebesgue-Lemma, für jede absolut integrierbare Funktion $h : [a, b] \to \mathbb{C}$ gilt

$$\lim_{R\to\infty}\int_{a}^{b} h(\tau)\sin(R\tau)\,\mathrm{d}\tau = 0. \tag{3.1.34}$$

Da f und damit auch g als in $t > 0$ hölderstetig angenommen wurde, existiert ein $\alpha > 0$ und eine Zahl A, so dass

$$\left|\frac{g(t+\tau)-g(t)}{\tau}\right| \le \frac{A}{|\tau|^{1-\alpha}} \tag{3.1.35}$$

für $\tau \in [-B, B]$ gilt. Damit ist die linke Seite aber absolut integrierbar über $[-B, B]$ und mit dem Riemann–Lebesgue-Lemma strebt der erste Term in (3.1.31) für $R \to \infty$ gegen Null. Also kann R so groß gewählt werden, dass dieser betragsmäßig kleiner $\varepsilon/3$ ist. Also ist das gesamte Integral in (3.1.31) betragsmäßig kleiner ε für hinreichend großes R und, da ε beliebig war, folgt

$$\lim_{R\to\infty} \frac{1}{2\pi \mathrm{i}} \int_{\gamma-\mathrm{i}R}^{\gamma+\mathrm{i}R} \mathrm{e}^{tz} \mathscr{L}[f](z)\,\mathrm{d}z = f(t) \tag{3.1.36}$$

und der Satz ist gezeigt. □

3.1.10 Bemerkung Die Voraussetzungen lassen sich noch leicht abschwächen. Ist f mit $\delta_{\mathscr{L}}(f) < \infty$ von beschränkter Variation, ist also Differenz monotoner Funktionen, so gilt die Inversionsformel in allen Stetigkeitspunkten von f und liefert in Sprungstellen den Mittelwert

$$\frac{1}{2\pi \mathrm{i}} \text{ v.p.} \int_{\gamma-\mathrm{i}\infty}^{\gamma+\mathrm{i}\infty} \mathrm{e}^{tz} \mathscr{L}[f](z)\,\mathrm{d}z = \frac{f(t_{+0}) - f(t_{-0})}{2} \tag{3.1.37}$$

der Grenzwerte $f(t_{-0}) = \lim_{s\nearrow t} f(s)$ und $f(t_{+0}) = \lim_{s\searrow t} f(s)$. Auch dies folgt aus obigem Beweis, nur der erste Summand in (3.1.31) ist dabei anders abzuschätzen und f so zu wählen, dass es an Sprüngen den Mittelwert annimmt.

Es genügt einige Fälle nachzurechnen. Ist g von der Form $g(s) = 0$ für $s < t$ und $g(s) = 1$ für $s > t$, so ergibt sich

$$\int_{-B}^{B} \frac{g(t+\tau)}{\tau} \sin(R\tau)\,\mathrm{d}\tau = \int_0^B \frac{\sin R\tau}{\tau}\,\mathrm{d}\tau = \int_0^{RB} \frac{\sin\tau}{\tau}\,\mathrm{d}\tau \longrightarrow \frac{\pi}{2}, \qquad R\to\infty \tag{3.1.38}$$

und damit

$$\lim_{R\to\infty} \int_{-B}^{B} \frac{g(t+\tau) - \frac{1}{2}g(t_{+0})}{\tau} \sin(R\tau)\,\mathrm{d}\tau = 0. \tag{3.1.39}$$

Ist g monoton wachsend und stetig, so existiert ein $\delta > 0$ mit $\delta < B$ und

$$g(t) \le g(t+\tau) \le g(t+\delta) \le g(t) + \varepsilon \qquad \text{für } \tau \in [0,\delta] \tag{3.1.40}$$

und der zweite Mittelwertsatz der Integralrechnung impliziert

$$\begin{aligned} \int_0^B \frac{g(t+\tau) - g(t)}{\tau} \sin(R\tau)\,\mathrm{d}\tau = (g(t_{+0}) - g(t)) \int_0^\beta \frac{\sin R\tau}{\tau}\,\mathrm{d}\tau \\ + (g(t+\delta) - g(t)) \int_\beta^\delta \frac{\sin R\tau}{\tau}\,\mathrm{d}\tau \\ + \int_\delta^B \frac{g(t+\tau) - g(t)}{\tau} \sin(R\tau)\,\mathrm{d}\tau \end{aligned} \tag{3.1.41}$$

für ein $\beta \in [0,\delta]$. Der erste Term ist Null, der zweite kann betragsmäßig durch

$$\varepsilon \left| \int_\beta^\delta \frac{\sin R\tau}{\tau}\,\mathrm{d}\tau \right| = \varepsilon \left| \int_{R\beta}^{R\delta} \frac{\sin\tau}{\tau}\,\mathrm{d}\tau \right| \le C\varepsilon \tag{3.1.42}$$

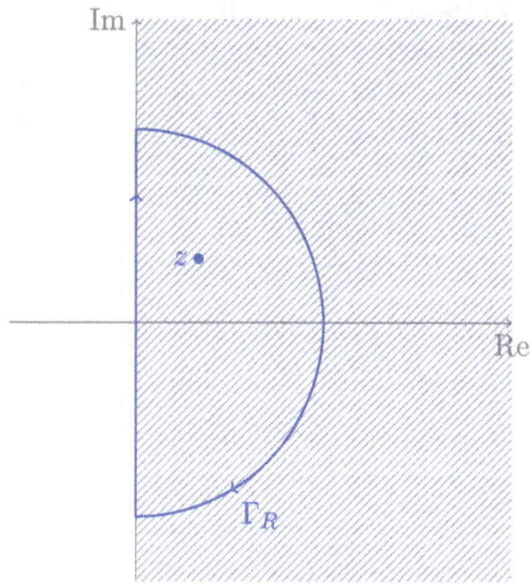

Abb. 3.2 Zum Beweis von Satz 3.1.11

abschätzbar, während auf den dritten das Riemann-Lebesgue-Lemma (auf Grund der Beschränktheit von $(g(t+\tau)-g(t))/\tau)$ anwendbar ist. Ganz analog folgt

$$\lim_{R\to\infty}\int_{-B}^{0}\frac{g(t+\tau)-g(t)}{\tau}\sin(R\tau)\,\mathrm{d}\tau = 0. \tag{3.1.43}$$

und der allgemeine Fall ergibt sich als Linearkombination von Konstanten, Sprungfunktionen und monotonen stetigen Funktionen (Abb. 3.2).

Nachfolgendes Theorem hilft uns, zu zeigen, dass eine gegebene holomorphe Funktion im Bild der Laplacetransformation liegt und damit die Inversionsformel anwendbar ist. Zusammen mit dem Verschiebungssatz ergeben sich entsprechende Aussagen für andere Halbebenen.

3.1.11 Satz *Sei* $F : \Sigma_{\pi/2} \to \mathbb{C}$ *stetig und holomorph im Inneren der Halbebene* $\operatorname{Re} z > 0$. *Angenommen, es gilt* $F \in \mathbf{o}(1)$ *gleichmäßig im Sektor* $\Sigma_{\pi/2}$ *sowie*

$$\int_{-\infty}^{\infty}|F(\mathrm{i}z)|\,\mathrm{d}z < \infty. \tag{3.1.44}$$

Dann konvergiert

$$f(t) = \frac{1}{2\pi\mathrm{i}}\int_{-\mathrm{i}\infty}^{\mathrm{i}\infty}\mathrm{e}^{tz}F(z)\,\mathrm{d}z \tag{3.1.45}$$

gleichmäßig in $t \geq 0$ *und bestimmt eine stetige Funktion* $f : \mathbb{R}_+ \to \mathbb{C}$, *für welche*

$$F(z) = \mathscr{L}[f](z) = \int_0^{\infty}\mathrm{e}^{-tz}f(t)\,\mathrm{d}t \tag{3.1.46}$$

für alle $\operatorname{Re} z > 0$ *gilt.*

Beweis Dass $f(t)$ stetig ist, folgt direkt aus

$$\left| f(t) - \frac{1}{2\pi \mathrm{i}} \int_{-\mathrm{i}R}^{\mathrm{i}R} \mathrm{e}^{zt} F(z)\,\mathrm{d}z \right| \leq \frac{1}{2\pi} \int_{\mathbb{R}\setminus[-R,R]} |F(\mathrm{i}z)|\,\mathrm{d}z \to 0, \qquad R \to \infty, \tag{3.1.47}$$

also der gleichmäßigen Konvergenz des uneigentlichen Integrals. Weiter gilt für $\operatorname{Re} z > 0$ aufgrund der absoluten Konvergenz beider Integrale

$$\begin{aligned} \frac{1}{2\pi \mathrm{i}} \int_0^\infty \mathrm{e}^{-tz} \int_{-\mathrm{i}\infty}^{\mathrm{i}\infty} \mathrm{e}^{t\zeta} F(\zeta)\,\mathrm{d}\zeta\,\mathrm{d}t &= \frac{1}{2\pi \mathrm{i}} \int_{-\mathrm{i}\infty}^{\mathrm{i}\infty} F(\zeta) \int_0^\infty \mathrm{e}^{-t(z-\zeta)}\,\mathrm{d}t\,\mathrm{d}\zeta \\ &= \frac{1}{2\pi \mathrm{i}} \int_{-\mathrm{i}\infty}^{\mathrm{i}\infty} \frac{F(\zeta)}{z-\zeta}\,\mathrm{d}\zeta. \end{aligned} \tag{3.1.48}$$

Andererseits gilt für $\operatorname{Re} z > 0$ mit der Cauchyschen Integralformel (A.2.6) für den Weg Γ_R bestehend aus dem Halbkreisbogen $|\zeta| = R$ und dem Intervall $\mathrm{i}[-R, R]$ für $R > |z|$

$$F(z) = \frac{1}{2\pi \mathrm{i}} \oint_{\Gamma_R} \frac{F(\zeta)}{z-\zeta}\,\mathrm{d}\zeta \quad \longrightarrow \quad \frac{1}{2\pi \mathrm{i}} \int_{-\mathrm{i}\infty}^{\mathrm{i}\infty} \frac{F(\zeta)}{z-\zeta}\,\mathrm{d}\zeta, \tag{3.1.49}$$

da nach Voraussetzung das Integral über den Halbkreisbogen für $R \to \infty$ gegen Null strebt. □

3.1.12 Beispiel (Differentialgleichungen mit konstanten Koeffizienten) Zu lösen sei

$$\sum_{k=0}^{m} \alpha_k f^{(k)}(t) = g(t) \tag{3.1.50}$$

mit Konstanten $\alpha_k \in \mathbb{C}$ und für eine gegebene rechte Seite $g : \mathbb{R} \to \mathbb{C}$, $\ln(1 + |g|) \in \mathbf{O}(t)$ für $t \to \infty$. Weiterhin nehmen wir an, dass

$$f^{(k)}(0) = \beta_k \in \mathbb{C}, \qquad k = 0, 1, \ldots m-1 \tag{3.1.51}$$

gilt. Dann kann das Problem durch Anwenden der Laplacetansformation gelöst werden. Wir nehmen an, dass $\ln(1 + |f^{(k)}|) \in \mathbf{O}(t)$ für $t \to \infty$ und alle $k \in \{0, 1, \ldots, m\}$ gilt (was wir entweder a priori zeigen oder hinterher nachrechnen können) und erhalten aus den elementaren Rechenregeln der Laplacetransformation für $F = \mathscr{L}[f]$ und mit $G = \mathscr{L}[g]$

$$\left(\sum_{k=0}^{m} \alpha_k z^k \right) F(z) = \sum_{k=0}^{m} \alpha_k \sum_{\ell=0}^{k-1} z^{k-1-\ell} f^{(\ell)}(0) + G(z), \tag{3.1.52}$$

wenn man die Polynome

$$p(z) = \sum_{k=0}^{m} \alpha_k z^k \qquad \text{und} \qquad q_\ell(z) = \sum_{k=\ell+1}^{m} \alpha_k z^{k-1-\ell} \tag{3.1.53}$$

einführt ergibt sich also

$$p(z)F(z) = \sum_{\ell=0}^{m-1} \beta_\ell q_\ell(z) + G(z). \tag{3.1.54}$$

Damit folgt

$$F(z) = \sum_{\ell=0}^{m-1} \beta_\ell \frac{q_\ell(z)}{p(z)} + \frac{G(z)}{p(z)}. \tag{3.1.55}$$

mit rationalen Funktionen $q_\ell(z)/p(z)$ (die im Bild der Laplacetransformation liegen) und der Funktion $G(z)/p(z)$ (auf die zumindest für $m \geq 2$ obige Bildcharakterisierung anwendbar ist). Zur Rücktransformation nutzen wir eine Partialbruchzerlegung der rationalen Funktionen $q_\ell(z)/p(z)$ und $1/p(z)$.

Wir skizzieren dies nur für den Fall, dass $p(z)$ nur *einfache* Nullstellen $\lambda_1, \ldots, \lambda_m$ besitzt. Dann gilt wegen $\deg q_\ell < \deg p$

$$\frac{1}{p(z)} = \sum_{k=1}^{m} \frac{\gamma_k}{z - \lambda_k} \qquad \text{und} \qquad \frac{q_\ell(z)}{p(z)} = \sum_{k=1}^{m} q_\ell(\lambda_k) \frac{\gamma_k}{z - \lambda_k} \tag{3.1.56}$$

mit

$$\gamma_k = \lim_{z \to \lambda_k} \frac{z - \lambda_k}{p(z)}. \tag{3.1.57}$$

Damit folgt unter Ausnutzung des Faltungssatzes

$$f(t) = \sum_{\ell=0}^{m-1} \beta_\ell \sum_{k=1}^{m} q_\ell(\lambda_k) \gamma_k \mathrm{e}^{\lambda_k t} + \sum_{k=1}^{m} \gamma_k \int_0^t \mathrm{e}^{\lambda_k (t-s)} g(s) \, \mathrm{d}s, \tag{3.1.58}$$

also eine explizite Formel für die Lösung des Problems.

3.1.13 Beispiel Der Fall *mehrfacher* Nullstellen benötigt etwas mehr Arbeit für die Partialbruchzerlegung, führt aber ebenso auf eine explizite Lösungsformel. Als Beispiel betrachten wir

$$f''(t) - 2f'(t) + f(t) = \mathrm{e}^{-t}, \tag{3.1.59}$$

Laplacetransformieren führt für $F(z) = \mathscr{L}[f](z)$ auf die Polynomgleichung

$$(z^2 - 2z + 1)F(z) - zf(0) - f'(0) + 2f(0) = \frac{1}{1+z} \tag{3.1.60}$$

und damit zusammen mit den Anfangsdaten mit $f(0) = a$ und $f'(0) = b$ auf

$$F(z) = \frac{a(z-2)+b}{(z-1)^2} + \frac{1}{(z+1)(z-1)^2} = \frac{A}{z+1} + \frac{B}{z-1} + \frac{C}{(z-1)^2} \quad (3.1.61)$$

mit noch zu bestimmenden Koeffizienten A, B und C. Für diese ergibt sich

$$A = \lim_{z\to -1}(z+1)F(z) = \frac{1}{4}, \qquad C = \lim_{z\to 1}(z-1)^2 F(z) = -a+b+\frac{1}{2} \quad (3.1.62)$$

zusammen mit

$$B = \lim_{z\to 1}\left((z-1)F(z) - \frac{C}{z-1}\right) = \lim_{z\to 1}\left(\frac{a(z-2)+b}{z-1} + \frac{1}{z^2-1} + \frac{a-b-\frac{1}{2}}{z-1}\right)$$
$$\lim_{z\to 1}\left(\frac{az-a}{z-1} + \frac{2-z-1}{2(z^2-1)}\right) = a - \frac{1}{4} \quad (3.1.63)$$

und damit

$$F(z) = \frac{1}{4}\frac{1}{z+1} + \left(a-\frac{1}{4}\right)\frac{1}{z-1} + \left(b-a+\frac{1}{2}\right)\frac{1}{(z-1)^2} \quad (3.1.64)$$

also auch

$$f(t) = \frac{1}{4}\mathrm{e}^{-t} + \left(a-\frac{1}{4}\right)\mathrm{e}^{t} + \left(b-a+\frac{1}{2}\right)t\mathrm{e}^{t}. \quad (3.1.65)$$

3.1.14 Beispiel (Differentialgleichungen mit Gedächtnis) Ebenso können auf diese Weise Differentialgleichungen mit nichtlokalen (Gedächtnis-) Termen behandelt werden. Dazu betrachten wir das Beispiel

$$f''(t) - 2f'(t) + f(t) = f\star g(t) = \int_0^t g(t-s)f(s)\,\mathrm{d}s \quad (3.1.66)$$

zu Anfangsdaten $f(0) = a$ und $f'(0) = b$ und für einen gegebenen (laplacetransformierbaren) Kern g. Die Laplacetransformierte $F = \mathscr{L}[f]$ erfüllt dann

$$(z^2 - 2z + 1)F(z) - (z-2)f(0) - f'(0) = F(z)G(z) \quad (3.1.67)$$

mit $G = \mathscr{L}[g]$ und besitzt damit die explizite Form

$$F(z) = \frac{a(z-2)+b}{(z-1)^2 - G(z)}. \quad (3.1.68)$$

Wählt man speziell $g(t) = \mathrm{e}^{-\lambda t}$ so ergibt sich damit $G(z) = 1/(z+\lambda)$

$$F(z) = \frac{a(z-2)(z+\lambda) + b(z+\lambda)}{(z-1)^2(z+\lambda) - 1} \quad (3.1.69)$$

und Rücktransformation mittels Partialbruchzerlegung liefert wiederum die explizite Lösung.

3.2 Meromorphe Fortsetzbarkeit und Asymptotik

3.2.1 Asymptotisches Verhalten der Funktion $f : \mathbb{R}_+ \to \mathbb{C}$ spiegelt sich im Verhalten der Laplacetransformierten und ihrer analytischen Fortsetzung wieder. Dies soll hier genauer untersucht werden. Einerseits impliziert jede Abschätzung der Form $|f(t)| \leq C\mathrm{e}^{\delta t}$ schon die Holomorphie der Laplacetransformierten in der Halbebene $\{z : \mathrm{Re}\, z > \delta\}$. Die Umkehrung gilt nicht notwendigerweise, da die Inversionsformel durch das Bromwichintegral oft nur in einer kleineren Halbebene (absolut) konvergiert.

Lemma

(1) *Angenommen,* $f \in \mathbf{O}(\mathrm{e}^{\delta t})$ *für* $t \to \infty$. *Dann gilt* $\mathscr{L}[f] \in \mathcal{A}(\{z : \mathrm{Re}\, z > \delta\})$.
(2) *Angenommen, für ein laplacetransformierbares* f *gilt*
  (i) $\mathscr{L}[f] \in \mathcal{A}(\{z : \mathrm{Re}\, z \geq \delta\})$;
  (ii) $\mathscr{L}[f]$ *ist beschränkt und strebt gegen Null entlang jeder vertikalen Linien; und*
  (iii) $F_\gamma(\sigma) = \mathscr{L}[f](\gamma + \mathrm{i}\sigma)$ *erfüllt* $F_\gamma \in \mathrm{L}^1(\mathbb{R})$ *für ein* $\gamma \geq \delta$.
  Dann gilt $f \in \mathbf{O}(\mathrm{e}^{\gamma t})$.

Beweis **(1)** haben wir schon in Proposition 3.1.1 gezeigt. • **(2)** zeigen wir durch direktes Nachrechnen: Aus dem Satz von Phragmen–Lindelöf folgt, dass $\mathscr{L}[f]$ auf Streifen gleichmäßig gegen Null für $\mathrm{Im} z \to \pm\infty$ strebt. Damit kann der Integrationsweg des Bromwich-Integrals bis zur Linie $\mathrm{Re}\, z = \gamma$ verschoben werden. Aufgrund der absoluten Konvergenz gilt damit aber

$$|f(t)| = \frac{1}{2\pi}\left|\int_{\gamma-\mathrm{i}\infty}^{\gamma+\mathrm{i}\infty} \mathrm{e}^{zt}\mathscr{L}[f](z)\,\mathrm{d}z\right| \leq \frac{\mathrm{e}^{\gamma t}}{2\pi}\int_{-\infty}^{\infty} |F_\gamma(\sigma)|\,\mathrm{d}\sigma \in \mathbf{O}(\mathrm{e}^{\gamma t}), \quad t \to \infty, \tag{3.2.1}$$

und die Behauptung folgt (Abb. 3.3). □

Dieses Lemma kann direkt auf asymptotische Entwicklungen angewandt werden. Man beachte die Diskrepanz zwischen beiden Richtungen, in der einen erhalten wir nur eine Beschränktheit entlang vertikaler Linien (außerhalb der Pole), während für die Rückrichtung absolute Integrierbarkeit (zumindest entlang einer vertikalen Linie) benötigt wird.

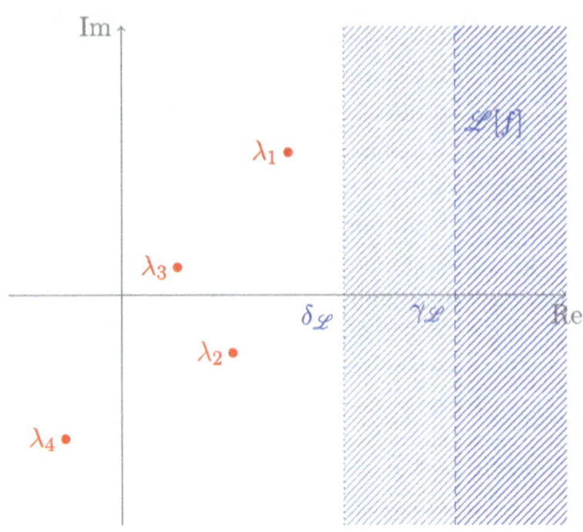

Abb. 3.3 Konvergenzgebiete der Laplacetransformation. Für $\operatorname{Re} z > \delta_{\mathscr{L}}$ ist die Laplacetransformierte holomorph, aber nur für $\gamma > \gamma_{\mathscr{L}}$ ist das Bromwichintegral der Inversionsformel absolut konvergent. Besitzt die Laplacetransformierte eine meromorphe Fortsetzung mit Polen in λ_j, so stellt sich die Frage wie weit man den Integrationsweg des Bromwichintegrals nach links verschieben kann ohne die Konvergenz als Hauptwertintegral zu verlieren.

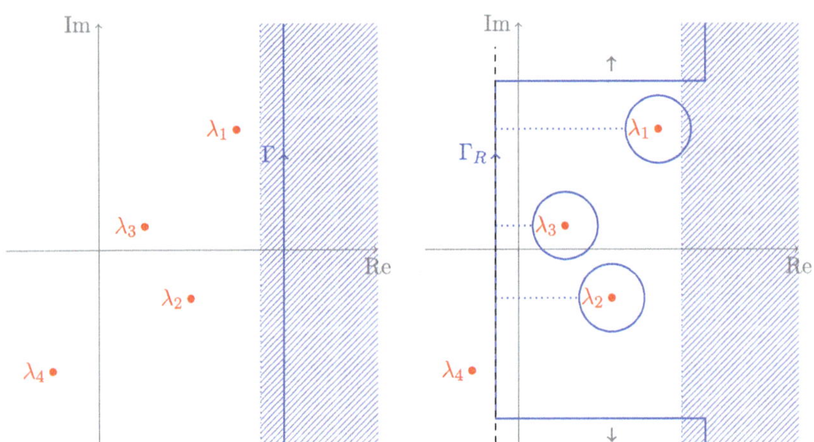

Abb. 3.4 Verschieben der Integrationswege und Aufsammeln von Residuen

3.2.2 Proposition

(1) *Angenommen, die Funktion* $f : \mathbb{R}_+ \to \mathbb{C}$ *besitzt die asymptotische Entwicklung*

$$f(t) \sim \sum_k \sum_{\ell=0}^{\nu_k-1} \alpha_{k,\ell} t^\ell e^{\lambda_k t}, \qquad t \to \infty \tag{3.2.2}$$

für eine Folge λ_k *mit* $\operatorname{Re} \lambda_k \searrow -\infty$, *für Vielfachheiten* $\nu_k \in \mathbb{N}$ *und Koeffizienten* $\alpha_{k,\ell} \in \mathbb{C}$. *Dann besitzt die Laplacetransformierte* $\mathscr{L}[f] \in \mathcal{A}(\{z : \operatorname{Re} z > \operatorname{Re} \lambda_1\})$ *eine meromorphe Fortsetzung auf* $\mathbb{C}$ *mit Polen in* λ_k *der Vielfachheit* ν_k.

Genauer gilt für jedes $N \in \mathbb{N}$

$$\mathscr{L}[f](z) - \sum_{k=1}^{N-1} \sum_{\ell=0}^{\nu_k - 1} \alpha_{k,\ell} \frac{\ell!}{(z - \lambda_k)^{\ell+1}} \in \mathcal{A}(\{z : \operatorname{Re} z > \operatorname{Re} \lambda_N\}) \tag{3.2.3}$$

und die Funktionen sind jeweils im Laplacebild.

(2) *Angenommen,* $\mathscr{L}[f] \in \mathcal{A}(\{z : \operatorname{Re} z > \delta_{\mathscr{L}}(f)\})$ *besitzt eine meromorphe Fortsetzung auf die Halbebene* $\{z : \operatorname{Re} z \geq \delta\}$ *für ein* $\delta < \delta_{\mathscr{L}}(f)$ *mit endlich vielen Polen,*

$$\mathscr{L}[f](z) - \sum_{k=1}^{n} \sum_{\ell=0}^{\nu_k - 1} \alpha_{k,\ell} \frac{\ell!}{(z - \lambda_k)^{\ell+1}} \in \mathcal{A}(\{z : \operatorname{Re} z > \delta\}), \tag{3.2.4}$$

und es gilt für ein $\gamma > \delta_{\mathscr{L}}(f)$ *und gleichmäßig in* $\sigma \in [\delta, \gamma]$

$$\lim_{s \to \pm\infty} \mathscr{L}[f](\sigma + \mathrm{i}s) = 0 \tag{3.2.5}$$

sowie die absolute Integrierbarkeit der Fortsetzung entlang der Linien $\operatorname{Re} z = \delta$. *Dann gilt*

$$f(t) - \sum_{k=1}^{n} \sum_{\ell=0}^{\nu_k - 1} \alpha_{k,\ell} t^{\ell} \mathrm{e}^{\lambda_k t} \in \mathbf{O}(\mathrm{e}^{\delta t}), \qquad t \to \infty. \tag{3.2.6}$$

Beweis **(1)** folgt direkt aus obigem Lemma. • **(2)** bedarf des Nachrechnens. Wir verschieben den Integrationsweg des Bromwich-Integrals wie in Abb. 3.4 rechts skizziert und lassen danach die horizontalen Reststücken ins Unendliche laufen. Dann gilt für hinreichend großes R und jedes $t > 0$

$$\begin{aligned} f(t) - \sum_{k=1}^{n} \sum_{\ell=0}^{\nu_k - 1} \alpha_{k,\ell} t^{\ell} \mathrm{e}^{-\lambda_k t} &= \frac{1}{2\pi \mathrm{i}} \int_{\Gamma_R} \mathrm{e}^{zt} \mathscr{L}[f](z) \, \mathrm{d}z \\ &\longrightarrow \frac{1}{2\pi \mathrm{i}} \int_{\delta - \mathrm{i}\infty}^{\delta + \mathrm{i}\infty} \mathrm{e}^{zt} \mathscr{L}[f](z) \, \mathrm{d}z \end{aligned} \tag{3.2.7}$$

und die Konvergenz für $R \to \infty$ folgt aus der Konvergenz der vertikalen Integralreste (aus der Konvergenz als Hauptwertintegral über die Linie $\operatorname{Re} z = \gamma$) sowie aus der Konvergenz der horizontalen Integrale als Konsequenz von (3.2.5). Also folgt

$$\left| f(t) - \sum_{k=1}^{n} \sum_{\ell=0}^{\nu_k - 1} \alpha_{k,\ell} t^{\ell} \mathrm{e}^{-\lambda_k t} \right| \leq \frac{1}{2\pi} \mathrm{e}^{\delta t} \int_{-\infty}^{\infty} |\mathscr{L}[f](\delta + \mathrm{i}\sigma)| \, \mathrm{d}\sigma \in \mathbf{O}(\mathrm{e}^{\delta t}) \tag{3.2.8}$$

und damit die Behauptung. □

3.2.2 Die absolute Integrierbarkeit kann erzwungen werden, indem man statt der zu untersuchenden Funktion $f : [0, \infty) \to \mathbb{C}$ eine geglättete Funktion $f_\varphi : [0, \infty) \to \mathbb{C}$

$$f_\varphi(t) = \int_0^t f(t-s)\varphi(s)\,\mathrm{d}s = f\star\varphi(t) \tag{3.2.9}$$

für einen geeigneten Kern φ betrachtet. Da dann $\mathscr{L}[f_\varphi](z) = \mathscr{L}[f](z)\,\mathscr{L}[\varphi](z)$ gilt, erweist es sich dabei als günstig wenn $\mathscr{L}[\varphi]$ entlang horizontaler Linien schnell fällt, $\mathscr{L}[f]$ höchstens schwach wächst und die Asymptotik von f und f_φ in einem sinnvollen Zusammenhang stehen.

Eine mögliche Wahl für φ sind die Funktionen $\varphi(t) = (1 - \mathrm{e}^{-t})^\alpha$ mit $\operatorname{Re}\alpha > 0$. Dann gilt $\varphi(0) = 0$ und für $\alpha \notin \mathbb{N}$ ist

$$\begin{aligned} \mathscr{L}[\varphi](z) &= \int_0^\infty \mathrm{e}^{-zt}(1-\mathrm{e}^{-t})^\alpha\,\mathrm{d}t = \int_0^1 s^{z-1}(1-s)^\alpha\,\mathrm{d}s \\ &= \mathrm{B}(z, \alpha+1) = \frac{\Gamma(z)\Gamma(\alpha+1)}{\Gamma(z+\alpha+1)} \end{aligned} \tag{3.2.10}$$

als *Betafunktion* meromorph mit einfachen Nullstellen in den Punkten $z + \alpha + 1 \in -\mathbb{N}_0$ und einfachen Polstellen in den Punkten $z \in -\mathbb{N}_0$. Für $\alpha \in \mathbb{N}_0$ ist die Darstellung einfacher und es gilt

$$\mathscr{L}[\varphi](z) = \int_0^\infty \mathrm{e}^{-zt}(1-\mathrm{e}^{-t})^\alpha\,\mathrm{d}t = \frac{\alpha!}{z(z+1)\cdots(z+\alpha)} \tag{3.2.11}$$

als rationale Funktion mit Polen in $\{-\alpha, \dots, 0\}$ und keinen Nullstellen. Die Mittel

$$f_\varphi(t) = f\star\varphi(t) = \int_0^t f(t-s)(1-\mathrm{e}^{-s})^\alpha\,\mathrm{d}s \tag{3.2.12}$$

werden oft als *Riesz-Mittel*[3] bezeichnet. Sie werden uns bei der Mellintransformation und bei Dirichletreihen nochmals begegnen.

3.3 Randverhalten und Asymptotik

Mitunter ist es nur schwer möglich, eine holomorphe Fortsetzung der Laplacetransformierten zu konstruieren bzw. es interessiert nur der erste Term der Asymptotik. Nachfolgendes Theorem hilft diesen ersten Term zu rekonstruieren.

Es ist ein erstes Beispiel eines Tauberschen Satzes, genauer es vereint sowohl eine abelsche als auch eine taubersche Aussage. Die Voraussetzung der Positivität von f in der Rückrichtung ist eine *taubersche Bedingung*, für die Hinrichtung wird diese nicht benötigt. Die Hinrichtung ist die einfachere abelsche Aussage.

---

[3] Marcel Riesz, 1886–1969.

3.3.1 Satz *(Hardy[4]–Littlewood[5], Karamata[6]) Sei* $\ln(1+|f|) \in \mathbf{O}(\ln t)$. *Dann gelten die folgenden beiden Aussagen:*

(i) *Angenommen, es gilt*

$$\int_0^t f(s)\,\mathrm{d}s \sim \frac{\alpha}{\rho} t^{\rho}, \qquad t \to \infty, \tag{3.3.1}$$

dann folgt für die Laplacetransformierte $\mathscr{L}[f]$

$$\mathscr{L}[f](z) \sim \frac{\alpha\Gamma(\rho)}{z^{\rho}} \qquad z \searrow 0. \tag{3.3.2}$$

(ii) *Angenommen,* $f \geq 0$ *und die Laplacetransformierte* $\mathscr{L}[f]$ *erfüllt Bedingung* (3.3.2). *Dann folgt* (3.3.1).

Beweis **(i)** Sei $F(t) = \int_0^t f(s)\,\mathrm{d}s$. Dann gilt mit dem Satz über die majorisierte Konvergenz

$$\begin{aligned} z^{\rho}\mathscr{L}[f](z) &= z^{\rho+1}\mathscr{L}[F](z) = z^{\rho+1}\int_0^{\infty} \mathrm{e}^{-zt}F(t)\,\mathrm{d}t = z^{\rho}\int_0^{\infty}\mathrm{e}^{-t}F\left(\frac{t}{z}\right)\mathrm{d}t \\ &= \int_0^{\infty}\mathrm{e}^{-t}(z+t)^{\rho}\left(1+\frac{t}{z}\right)^{-\rho}F\left(\frac{t}{z}\right)\mathrm{d}t \\ &\longrightarrow \int_0^{\infty}\mathrm{e}^{-t}t^{\rho}\,\mathrm{d}t\,\frac{\alpha}{\rho} = \alpha\Gamma(\rho) \end{aligned} \tag{3.3.3}$$

für $z \to 0$ unter Ausnutzung der Majorante $\mathrm{e}^{-t}(1+t)^{\rho}$ für $0 < z < 1$. Diese ist nutzbar, da

$$\sup_{t,z}\left(1+\frac{t}{z}\right)^{-\rho}|F\left(\frac{t}{z}\right)| = \sup_{s}(1+s)^{-\rho}|F(s)| < \infty \tag{3.3.4}$$

nach Voraussetzung (3.3.1) beschränkt ist. • **(ii)** Das ist der eigentliche taubersche Satz von Hardy und Littlewood, wir dem Beweis von Karamata. Wegen (3.3.2) gilt für $z \searrow 0$ und alle $k \in \mathbb{N}$

$$\int_0^{\infty}\mathrm{e}^{-kzt}f(t)\,\mathrm{d}t = \mathscr{L}[f](kz) \sim \alpha\frac{\Gamma(\rho)}{k^{\rho}z^{\rho}} = \frac{\alpha}{z^{\rho}}\int_0^{\infty}\mathrm{e}^{-kt}t^{\rho}\frac{\mathrm{d}t}{t} \tag{3.3.5}$$

[4] Godfrey Harold Hardy, 1877–1947.
[5] John Edensor Littlewood, 1885–1977.
[6] Jovan Karamata, 1902–1967.

und damit auch für jedes Polynom p

$$\int_0^\infty p(\mathrm{e}^{-tz})\mathrm{e}^{-tz} f(t)\,\mathrm{d}t \sim \frac{\alpha}{z^\rho}\int_0^\infty p(\mathrm{e}^{-t})\mathrm{e}^{-t}t^{\rho-1}\,\mathrm{d}t, \qquad z \searrow 0, \tag{3.3.6}$$

also auch

$$\lim_{z\searrow 0} z^{\rho-1}\int_0^\infty p(\mathrm{e}^{-t})\mathrm{e}^{-t} f(t/z)\,\mathrm{d}t = \alpha\int_0^\infty p(\mathrm{e}^{-t})\mathrm{e}^{-t}t^{\rho-1}\,\mathrm{d}t. \tag{3.3.7}$$

Da die Menge der Polynome dicht im Raum $\mathrm{C}([0, 1])$ ist, gilt diese Aussage sogar für jedes $p \in \mathrm{C}([0, 1])$. Um den Beweis zu führen, wählen wir passende stetige Funktionen. Sei für gegebenes $\varepsilon > 0$ die Funktion $g_\varepsilon \in \mathrm{C}([0, 1])$ so gewählt, dass

$$g_\varepsilon(s) \geq \begin{cases} 1/s, & 1/\mathrm{e} \leq s \leq 1, \\ 0, & 0 \leq s < 1/\mathrm{e}, \end{cases} \tag{3.3.8}$$

sowie

$$\int_0^\infty \mathrm{e}^{-t} g_\varepsilon(\mathrm{e}^{-t})t^{\rho-1}\,\mathrm{d}t \leq \int_0^1 t^{\rho-1}\,\mathrm{d}t + \varepsilon \tag{3.3.9}$$

erfüllt ist. Mit dieser Funktion folgt

$$\begin{aligned} \limsup_{z\searrow 0} z^{\rho-1}\int_0^1 f(t/z)\,\mathrm{d}t &\leq \limsup_{z\searrow 0} z^{\rho-1}\int_0^\infty \mathrm{e}^{-t} g_\varepsilon(\mathrm{e}^{-t}) f(t/z)\,\mathrm{d}t \\ &= \alpha\int_0^\infty \mathrm{e}^{-t} g_\varepsilon(\mathrm{e}^{-t})t^{\rho-1}\,\mathrm{d}t \leq \alpha\left(\frac{1}{\rho}+\varepsilon\right). \end{aligned} \tag{3.3.10}$$

Analog gilt mit einer stetigen Funktion $h_\varepsilon \in \mathrm{C}([0, 1])$, für die

$$0 \leq h_\varepsilon(s) \leq \begin{cases} 1/s, & 1/\mathrm{e} \leq s \leq 1, \\ 0, & 0 \leq s < 1/\mathrm{e}, \end{cases} \tag{3.3.11}$$

sowie

$$\int_0^\infty \mathrm{e}^{-t} h_\varepsilon(\mathrm{e}^{-1})t^{\rho-1}\,\mathrm{d}t \geq \int_0^1 t^{\rho-1}\,\mathrm{d}t - \varepsilon \tag{3.3.12}$$

gilt, auch

$$\begin{aligned} \liminf_{z\searrow 0} z^{\rho-1}\int_0^1 f(t/z)\,\mathrm{d}t &\geq \liminf_{z\searrow 0} z^{\rho-1}\int_0^\infty h_\varepsilon(t) f(t/z)\,\mathrm{d}t \\ &= \alpha\int_0^\infty h_\varepsilon(t)t^{\rho-1}\,\mathrm{d}t \geq \alpha\left(\frac{1}{\rho}-\varepsilon\right). \end{aligned} \tag{3.3.13}$$

Da $\varepsilon > 0$ beliebig war, folgt

$$\frac{\alpha}{\rho} = \lim_{z \searrow 0} z^{\rho-1} \int_0^1 f(t/z)\,\mathrm{d}t = z^\rho \int_0^{1/z} f(s)\,\mathrm{d}s \tag{3.3.14}$$

und damit die Behauptung. □

Der Vollständigkeit halber sei noch das entsprechende Aussagenpaar für Erzeugendenfunktionen erwähnt. Das Modellbeispiel einer abelschen Aussage ist der abelsche Grenzwertsatz, also die Aussage, dass konvergente Reihen abelsummierbar sind.

3.3.2 Satz (Abel) *Angenommen, die Reihe $\sum_{n=0}^\infty a_n = A$ konvergiert. Dann gilt*

$$\lim_{z \nearrow 1} \mathcal{G}_a(z) = \lim_{z \nearrow 1} \sum_{n=0}^\infty a_n z^n = A. \tag{3.3.15}$$

Beweis Wir beschränken uns auf den Fall $A = 0$, der Rest ergibt sich durch Ändern des ersten Folgengliedes. Da die Reihe konvergiert, gilt $a = (a_n)_{n\in\mathbb{N}_0} \in \mathbf{o}(1)$ und somit auch $\rho(a) \geq 1$. Also ist die Erzeugendenfunktion $\mathcal{G}_a(z)$ auf $B_1 = \{z \in \mathbb{C} : |z| < 1\}$ holomorph und die absolute Konvergenz der Reihe impliziert

$$\mathcal{G}_a(z) = \sum_{n=0}^\infty a_n z^n = \sum_{n=0}^\infty (A_n - A_{n-1}) z^n = (1-z) \sum_{n=0}^\infty A_n z^n = (1-z)\mathcal{G}_A(z) \tag{3.3.16}$$

mit $A_n = \sum_{k=0}^n a_k \to 0$. Sei nun $\varepsilon > 0$ beliebig und N so groß, dass $|A_n| < \frac{\varepsilon}{2}$ für $n \geq N$. Dann folgt für alle $z \in [0, 1)$

$$|(1-z)\mathcal{G}_A(z)| \leq (1-z) \sum_{n=0}^{N-1} |A_n| + \frac{\varepsilon}{2}(1-z) \sum_N^\infty z^n \leq (1-z) \sum_{n=0}^{N-1} |A_n| + \frac{\varepsilon}{2} \tag{3.3.17}$$

und für z nahe genug bei 1 ist auch der erste Term kleiner $\varepsilon/2$. Da ε beliebig war, folgt die Behauptung. □

Eine erste teilweise Umkehrung des abelschen Grenzwertsatzes geht auf Tauber[7] zurück. Er zeigte, dass für abelsummierbare Reihen mit der Zusatzbedingung $(a_n)_{n\in\mathbb{N}_0} \in \mathbf{o}(n^{-1})$ stets Konvergenz folgt. Zum Beweis betrachten wir für $z \in [0, 1)$

[7] Alfred Tauber, 1866–1942.

und vorgegebenes $\varepsilon > 0$

$$
\begin{aligned}
\sum_{n=0}^{\infty} a_n z^n - \sum_{n=0}^{N} a_n &= \sum_{n=0}^{N} a_n(z^n - 1) + \sum_{n=N+1}^{\infty} a_n z^n \\
&= \sum_{n=N+1}^{\infty} n a_n \frac{z^n}{n} + (z-1) \sum_{n=0}^{N} a_n \sum_{k=0}^{n-1} z^k \\
&= S_1(z) + S_2(z)
\end{aligned}
\tag{3.3.18}
$$

für noch zu bestimmendes N. Da $na_n \in \mathbf{o}(1)$ wählen wir N so groß, dass $|na_n| < \varepsilon$ und erhalten

$$
|S_1(z)| < \frac{\varepsilon}{N+1} \sum_{n=N+1}^{\infty} z^n \leq \frac{\varepsilon}{(N+1)(1-z)} < \varepsilon, \tag{3.3.19}
$$

letzteres falls auch $N > z/(1-z)$. Weiter gilt

$$
|S_2(z)| < (1-z) \sum_{n=0}^{N} n|a_n| \leq \frac{1}{N} \sum_{n=0}^{N} n|a_n| \to 0, \qquad N \to \infty, \tag{3.3.20}
$$

da wiederum $na_n \in \mathbf{o}(1)$. Littlewood verbesserte dieses Theorem zu der wesentlich schwächeren Zusatzbedingung $(a_n)_{n\in\mathbb{N}_0} \in \mathbf{O}(n^{-1})$. Wir werden dies als Folgerung aus Satz 3.3.5 erhalten.

3.3.3 Satz (Littlewood) *Angenommen, die Reihe $\sum_n a_n$ ist abelsummierbar zum Grenzwert A, d. h. es gilt*

$$
\lim_{z \nearrow 1} \mathcal{G}_a(z) = \lim_{z \nearrow 1} \sum_{n=0}^{\infty} a_n z^n = A. \tag{3.3.21}
$$

Gilt dann zusätzlich $(a_n)_{n\in\mathbb{N}_0} \in \mathbf{O}(n^{-1})$, so folgt

$$
\sum_{n=0}^{\infty} a_n = A. \tag{3.3.22}
$$

Dieses taubersche Theorem liefert damit ein Kriterium für die Konvergenz einer abelsummierbaren Reihe basierend auf dem Randverhalten der Erzeugendenfunktion $\mathcal{G}_a$ zusammen mit der *tauberschen Bedingung* $(a_n)_{n\in\mathbb{N}_0} \in \mathbf{O}(n^{-1})$.

Es gibt eine Variante dieser Sätze, die näher an der Formulierung von Theorem 3.3.1 bleibt. Dazu betrachten wir die Cesàro-Konvergenz einer Folge a_n gegen den Grenzwert A

$$
A = \lim_{n\to\infty} \frac{1}{n+1} \sum_{k=0}^{n} a_k \tag{3.3.23}
$$

und stellen diese in Zusammenhang zum asymptotischen Verhalten der Erzeugendenfunktion $\mathscr{G}_a(z)$ für $z \nearrow 1$. Als Hilfsaussage nutzen wir folgendes Lemma von Titchmarsh.

3.3.4 Lemma (Titchmarsh[8]) *Angenommen zwei nichtnegative Folgen $a, b \in \mathbb{F}_+$ erfüllen $a \sim b$ und $\rho(a) \geq 1$. Gilt dann $\lim_{z \nearrow 1} \mathscr{G}_a(z) = +\infty$, so folgt $\mathscr{G}_a(z) \sim \mathscr{G}_b(z)$ für $z \nearrow 1$.*

Beweis Da $a \sim b$ gilt, existiert zu jedem $\varepsilon > 0$ ein N mit $|a_n - b_n| \leq \frac{\varepsilon}{2} a_n$. Damit folgt für alle $z \in [0, 1)$

$$|\mathscr{G}_a(z) - \mathscr{G}_b(z)| \leq \sum_{n=0}^{\infty} |a_n - b_n| z^n \leq \sum_{n=0}^{N-1} |a_n - b_n| + \frac{\varepsilon}{2} \sum_{n=N}^{\infty} a_n z^n \tag{3.3.24}$$

und da $\mathscr{G}_a(z) \to +\infty$ für $z \to 1$ existiert ein $\delta > 0$, so dass für alle $z \in (1 - \delta, 1)$ der erste Summand kleiner ist als $\frac{\varepsilon}{2} \mathscr{G}_a(z)$. Damit folgt

$$|\mathscr{G}_a(z) - \mathscr{G}_b(z)| \leq \varepsilon \mathscr{G}_a(z), \qquad 1 - \delta < z < 1, \tag{3.3.25}$$

und da $\varepsilon > 0$ beliebig war auch die Behauptung. □

Im Beweis hat es genügt, die Positivität für große n zu fordern. Damit folgern wir nun:

3.3.5 Satz (Hardy–Littlewood)

(i) *Angenommen, es gilt*

$$\lim_{n \to \infty} \frac{1}{n+1} \sum_{k=0}^{n} a_k = A. \tag{3.3.26}$$

Dann folgt

$$\mathscr{G}_a(z) = \sum_{n=0}^{\infty} a_n z^n \sim \frac{A}{1 - z}, \qquad z \nearrow 1. \tag{3.3.27}$$

(ii) *Angenommen, die Erzeugendenfunktion $\mathscr{G}_a$ erfüllt* (3.3.27) *und es gilt*

$$\inf_n a_n > -\infty. \tag{3.3.28}$$

Dann gilt (3.3.26).

[8] Edward Charles Titchmarsh, 1899–1963.

Dabei ist im Falle $A = 0$ die Identität (3.3.27) als $\mathscr{G}_a(z) \in \mathbf{o}((1-z)^{-1})$ für $z \to 1$ zu interpretieren.

Beweis (i) Dies folgt aus obigem Lemma. Sei dazu $A_n = \sum_{k=0}^n a_k$. Da nach Voraussetzung nun $A_n \sim A\,(n+1)$ gilt, folgt

$$\mathscr{G}_A(z) = \sum_{n=0}^{\infty} A_n z^n \sim A \sum_{n=0}^{\infty} (n+1) z^n = \frac{A}{(1-z)^2}, \qquad z \nearrow 1, \tag{3.3.29}$$

und mit $\mathscr{G}_a(z) = (1-z)\mathscr{G}_A(z)$ auch die Behauptung. • **(ii)** Der Beweis folgt wiederum Karamata. Durch Addition einer konstanten Folge können wir den Beweis auf den Fall $a_n \geq 0$ und $A > 0$ reduzieren. Gilt nun (3.3.27), so folgt durch Ersetzen von z durch z^{k+1} für $z \nearrow 1$

$$\begin{aligned} \mathscr{G}_a(z^{k+1}) = \sum_{n=0}^{\infty} a_n z^{(k+1)n} &\sim \frac{A}{1-z^{k+1}} = \frac{A}{(1-z)(z^k + \cdots + z + 1)} \\ &\sim \frac{A}{(k+1)(1-z)} \end{aligned} \tag{3.3.30}$$

und damit

$$\lim_{z \nearrow 1} (1-z) \sum_{n=0}^{\infty} a_n z^n z^{kn} = \frac{A}{k+1} = A \int_0^1 t^k \,\mathrm{d}t, \qquad k \in \mathbb{N}_0. \tag{3.3.31}$$

Also gilt für jedes Polynom p

$$\lim_{z \nearrow 1} (1-z) \sum_{n=0}^{\infty} a_n z^n p(z^n) = A \int_0^1 p(t)\,\mathrm{d}t. \tag{3.3.32}$$

Die Dichtheit der Polynome in C[0, 1] liefert dieses Resultat für jede *stetige* Funktion p. Approximieren wir nun wiederum

$$g(t) = \begin{cases} 1/t, & 1/\mathrm{e} \leq t \leq 1 \\ 0, & 0 \leq t < 1/\mathrm{e} \end{cases} \tag{3.3.33}$$

von oben und von unten durch stetige Funktionen g_ε und h_ε mit ε-Integralfehler, so ergibt sich speziell mit $z = \mathrm{e}^{-1/N}$

$$\limsup_{N \to \infty} (1 - \mathrm{e}^{-1/N}) \sum_{n=0}^{N} a_n \leq A \int_0^1 g_\varepsilon(t)\,\mathrm{d}t \leq A \int_{1/\mathrm{e}}^1 \frac{\mathrm{d}t}{t} + A\varepsilon = A(1+\varepsilon) \tag{3.3.34}$$

und entsprechend

$$\liminf_{N\to\infty}(1-\mathrm{e}^{-1/N})\sum_{n=0}^{N} a_n \geq A\int_0^1 h_\varepsilon(t)\,\mathrm{d}t \geq A\int_{1/\mathrm{e}}^1 \frac{\mathrm{d}t}{t} - A\varepsilon = A(1-\varepsilon) \tag{3.3.35}$$

und da ε beliebig war folgt mit $1-\mathrm{e}^{-1/N} \sim 1/N$ die Behauptung. □

Der oben erwähnte Satz von Littlewood folgt aus dem gerade gezeigten Satz von Hardy und Littlewood.

Beweis zu Littlewood's **O***-Satz, Satz* 3.3.3. Sei also a_n eine Folge, für die $\mathscr{G}_a(z) \to A$ für $z \nearrow 1$ strebt. Durch Ändern des ersten Folgengliedes können wir dies auf den Fall $A = 0$ reduzieren, es gelte also $\mathscr{G}_a(z) \in \mathbf{o}(1)$, $z \nearrow 1$. Dann gilt für $z \in [0, 1)$ und mit $a_n \in \mathbf{O}(n^{-1})$

$$\begin{aligned} \mathscr{G}_a''(z) &= \sum_{n=2}^{\infty} n(n-1)a_n z^{n-2} \\ &\in \mathbf{O}\left(\sum_{n=2}^{\infty}(n-1)z^{n-2}\right) = \mathbf{O}\left(\frac{1}{(1-z)^2}\right), \qquad z \nearrow 1. \end{aligned} \tag{3.3.36}$$

Damit folgt aber[9]

$$\mathscr{G}_a'(z) = \sum_{n=1}^{\infty} n a_n z^{n-1} \in \mathbf{o}\left(\frac{1}{1-z}\right), \qquad z \nearrow 1. \tag{3.3.37}$$

Setzt man nun $a_n \in \mathbf{O}(n^{-1})$ voraus, so ist $|na_n| \leq c$ beschränkt und nach Voraussetzung gilt

$$\sum_{n=1}^{\infty}\left(1-\frac{na_n}{c}\right)z^{n-1} = \frac{1}{1-z} - \frac{\mathscr{G}_a'(z)}{c} \sim \frac{1}{1-z}, \qquad z \nearrow 1 \tag{3.3.38}$$

---

[9] Aufgrund der Taylorschen Formel gilt für beliebiges $\theta \in (0, 1/2)$ und $z' = z + \theta(1-z)$

$$\mathscr{G}_a(z') = \mathscr{G}_a(z) + \theta(1-z)\mathscr{G}_a'(z) + \frac{\theta^2}{2}(1-z)^2\mathscr{G}_a''(\zeta)$$

für ein $\zeta \in [z, z']$. Also folgt mit $\mathscr{G}_a''(\zeta) \in \mathbf{O}((1-\zeta)^{-2}) = \mathbf{O}((1-z)^{-2})$

$$(1-z)\mathscr{G}_a'(z) = \frac{\mathscr{G}_a(z') - \mathscr{G}_a(z)}{\theta} + \frac{\theta}{2}(1-z)^2\mathscr{G}_a''(\zeta) = \frac{\mathscr{G}_a(z') - \mathscr{G}_a(z)}{\theta} + \mathbf{O}(\theta)$$

und durch Wahl von θ klein und z danach nahe an 1 folgt $\mathscr{G}_a'(z) \in \mathbf{o}((1-z)^{-1})$.

und nach dem Hardy–Littlewood-Theorem folgt

$$\sum_{k=1}^{n}\left(1-\frac{ka_k}{c}\right)\sim n \tag{3.3.39}$$

und damit $\sum_{k=1}^{n} ka_k \in \mathbf{o}(n)$. Dies impliziert die Behauptung, es gilt mit $b_n = \sum_{k=1}^{n} ka_k$

$$\begin{aligned}\mathscr{G}_a(z)-a_0 &= \sum_{n=1}^{\infty}\frac{b_n-b_{n-1}}{n}z^n = \sum_{n=1}^{\infty} b_n\left(\frac{z^n}{n}-\frac{z^{n+1}}{n+1}\right)\\ &= \sum_{n=1}^{\infty} b_n\left(\frac{z^n-z^{n+1}}{n+1}+\frac{z^n}{n(n+1)}\right)\\ &= (1-z)\sum_{n=1}^{\infty}\frac{b_n}{n+1}z^n+\sum_{n=1}^{\infty}\frac{b_n}{n(n+1)}z^n\end{aligned} \tag{3.3.40}$$

und da $b_n \in \mathbf{o}(n)$ gilt, ist der erste Term $\mathbf{o}(1)$ für $z \nearrow 1$ und da $\lim_{z\nearrow 1}\mathscr{G}_a(z)=0$ gilt, folgt auch

$$\lim_{z\nearrow 1}\sum_{n=1}^{\infty}\frac{b_n}{n(n+1)}z^n = -a_0. \tag{3.3.41}$$

Da nun aber die Koeffizienten in $\mathbf{o}(1/n)$ sind, folgt mit dem tauberschen **o**-Satz

$$\sum_{n=1}^{\infty}\frac{b_n}{n(n+1)} = -a_0 \tag{3.3.42}$$

und mit

$$\sum_{n=1}^{\infty}\frac{b_n}{n(n+1)} = \sum_{n=1}^{\infty} b_n\left(\frac{1}{n}-\frac{1}{n+1}\right) = \sum_{n=1}^{\infty}\frac{b_n-b_{n-1}}{n} = \sum_{n=1}^{\infty} a_n \tag{3.3.43}$$

folgt die Behauptung. □

Während für die Sätze von Hardy–Littlewood und Karamata nur das reelle Verhalten der Laplacetransformierten oder der Erzeugendenfunktion eine Rolle spielt, ist nachfolgendes Theorem ein komplexes taubersches Theorem. Der Satz von Wiener–Ikehara beruht auf dem Verhalten der Laplacetransformierten auf der Konvergenzhalbebene und ihrem Randverhalten.

3.3.6 Satz *(Wiener[10]–Ikehara[11]) Sei $f : [0, \infty) \to \mathbb{R}$ monoton wachsend mit $\delta_{\mathscr{L}}(f) = 1$. Sei weiter $F(z) = \mathscr{L}[f](z)$ die zugeordnete Laplacetransformierte. Angenommen, für eine Konstante $A \in \mathbb{C}$ ist die Funktion*

$$G(z) = F(z) - \frac{A}{z-1} \tag{3.3.44}$$

stetig auf die abgeschlossene Halbebene $\{z : \operatorname{Re} z \geq 1\}$ fortsetzbar. Dann gilt

$$\lim_{t \to \infty} \mathrm{e}^{-t} f(t) = A. \tag{3.3.45}$$

Beweis Wir nutzen die Hilfsfunktionen

$$k_\lambda(\tau) = \max\{1 - |\tau|/\lambda, 0\} \tag{3.3.46}$$

mit Fouriertransformierter

$$\widehat{k_\lambda}(t) = \frac{1}{2\pi} \int_{-\lambda}^{\lambda} k_\lambda(\tau) \mathrm{e}^{\mathrm{i}\tau t} \, \mathrm{d}\tau = \frac{\lambda}{2\pi} \left(\frac{\sin(\lambda t/2)}{\lambda t/2} \right)^2, \tag{3.3.47}$$

für die mittels Fubini

$$\begin{aligned} \int_0^\infty \widehat{k_\lambda}(t-s) \mathrm{e}^{-\sigma s} \, \mathrm{d}s &= \frac{1}{2\pi} \int_{-\lambda}^{\lambda} k_\lambda(\tau) \mathrm{e}^{\mathrm{i}\tau t} \int_0^\infty \mathrm{e}^{-s(\sigma + \mathrm{i}\tau)} \, \mathrm{d}s \, \mathrm{d}\tau \\ &= \frac{1}{2\pi} \int_{-\lambda}^{\lambda} k_\lambda(\tau) \frac{\mathrm{e}^{\mathrm{i}\tau t}}{\sigma + \mathrm{i}\tau} \, \mathrm{d}\tau \end{aligned} \tag{3.3.48}$$

für $\sigma > 0$ und entsprechend

$$\begin{aligned} \int_0^\infty \widehat{k_\lambda}(t-s) \mathrm{e}^{-\sigma s} f(s) \, \mathrm{d}s &= \frac{1}{2\pi} \int_{-\lambda}^{\lambda} k_\lambda(\tau) \mathrm{e}^{\mathrm{i}\tau t} \int_0^\infty \mathrm{e}^{-s(\sigma + \mathrm{i}\tau)} f(s) \, \mathrm{d}s \, \mathrm{d}\tau \\ &= \frac{1}{2\pi} \int_{-\lambda}^{\lambda} k_\lambda(\tau) \mathrm{e}^{\mathrm{i}\tau t} F(\sigma + \mathrm{i}\tau) \, \mathrm{d}\tau \end{aligned} \tag{3.3.49}$$

für $\sigma > 1$ gilt. Also gilt unter Ausnutzung von $F(z) = G(z) + \frac{A}{z-1}$

$$\begin{aligned} &\int_0^\infty \widehat{k_\lambda}(t-s) f(s) \mathrm{e}^{-\sigma s} \, \mathrm{d}s \\ &= \frac{A}{2\pi} \int_{-\lambda}^{\lambda} k_\lambda(\tau) \frac{\mathrm{e}^{\mathrm{i}\tau t}}{\sigma + \mathrm{i}\tau - 1} \, \mathrm{d}\tau + \frac{1}{2\pi} \int_{-\lambda}^{\lambda} k_\lambda(\tau) \mathrm{e}^{\mathrm{i}\tau t} G(\sigma + \mathrm{i}\tau) \, \mathrm{d}\tau \\ &= A \int_0^\infty \widehat{k_\lambda}(t-s) \mathrm{e}^{-s(\sigma-1)} \, \mathrm{d}s + \frac{1}{2\pi} \int_{-\lambda}^{\lambda} k_\lambda(\tau) \mathrm{e}^{\mathrm{i}\tau t} G(\sigma + \mathrm{i}\tau) \, \mathrm{d}\tau. \end{aligned} \tag{3.3.50}$$

[10] Norbert Wiener, 1894–1964

[11] Shikao Ikehara, 1904–1984.

Da nach Voraussetzung G stetig auf die abgeschlossene Halbebene $\{\mathrm{Re}\, z \geq 1\}$ fortsetzbar ist, konvergiert $\lim_{\sigma\to 1} G(\sigma + \mathrm{i}\tau) = G(1 + \mathrm{i}\tau)$ gleichmäßig in $\sigma \in [-\lambda, \lambda]$ und es folgt

$$\int_0^\infty \widehat{k}_\lambda(t-s) f(s) \mathrm{e}^{-s}\, \mathrm{d}s = A \int_0^\infty \widehat{k}_\lambda(t-s)\, \mathrm{d}s + \frac{1}{2\pi}\int_{-\lambda}^{\lambda} k_\lambda(\tau)\mathrm{e}^{\mathrm{i}\tau t} G(1+\mathrm{i}\tau)\, \mathrm{d}\tau. \tag{3.3.51}$$

Da der letzte Summand aufgrund des Riemann–Lebesgue-Lemmas für $t \to \infty$ gegen Null strebt, folgt

$$\lim_{t\to\infty} \int_0^\infty \widehat{k}_\lambda(t-s) f(s)\mathrm{e}^{-s}\, \mathrm{d}s = A \lim_{t\to\infty}\int_0^\infty \widehat{k}_\lambda(t-s)\, \mathrm{d}s = A. \tag{3.3.52}$$

Bisher haben wir die Monotonie von f noch nicht genutzt, dies ist die eigentliche taubersche Bedingung. Es gilt

$$\begin{aligned} A &= \lim_{t\to\infty}\int_0^\infty \widehat{k}_\lambda(t-s) f(s)\mathrm{e}^{-s}\, \mathrm{d}s = \lim_{t\to\infty}\int_{-\infty}^{\lambda t} \widehat{k}(s) f(t - s/\lambda)\mathrm{e}^{s/\lambda - t}\, \mathrm{d}s \\ &\geq \limsup_{t\to\infty} \int_{-a}^{a} \widehat{k}(s) f(t-s/\lambda)\mathrm{e}^{s/\lambda-t}\, \mathrm{d}s \\ &\geq \limsup_{t\to\infty} f(t-a/\lambda)\mathrm{e}^{-a/\lambda - t}\int_{-a}^{a}\widehat{k}(s)\, \mathrm{d}s \end{aligned} \tag{3.3.53}$$

und damit

$$\limsup_{t\to\infty} f(t)\mathrm{e}^{-t} = \limsup_{t\to\infty} f(t-a/\lambda)\mathrm{e}^{a/\lambda - t} \leq \mathrm{e}^{-2a/\lambda}\frac{A}{\int_{-a}^{a}\widehat{k}(s)\, \mathrm{d}s}. \tag{3.3.54}$$

Speziell mit $a = \sqrt{\lambda}$ und für $\lambda \to \infty$ folgt $\limsup_{t\to\infty} f(t)\mathrm{e}^{-t} \leq A$. Andererseits gilt mit $M = \sup_{t>0} f(t)\mathrm{e}^{-t}$ (was nach dem gerade gezeigten ja endlich ist)

$$\begin{aligned} A &= \lim_{t\to\infty}\Big(\int_{-b}^{b} + \int_{-\infty}^{-b} + \int_{b}^{\lambda t}\Big)\widehat{k}(s) f(t-s/\lambda)\mathrm{e}^{s/\lambda - t}\, \mathrm{d}s \\ &\leq \liminf_{t\to\infty} f(t+b/\lambda)\mathrm{e}^{b/\lambda - t}\int_{-b}^{b}\widehat{k}(s)\, \mathrm{d}s + 2M\int_b^\infty \frac{\mathrm{d}s}{s^2} \end{aligned} \tag{3.3.55}$$

unter Ausnutzung der Abschätzung $\widehat{k}(s) \leq 1/s^2$. Also folgt

$$\liminf_{t\to\infty} f(t)\mathrm{e}^{-t} = \liminf_{t\to\infty} f(t+b/\lambda)\mathrm{e}^{-b/\lambda - t} \geq \mathrm{e}^{2b/\lambda}\frac{A - 2M/b}{\int_{-b}^{b}\widehat{k}(s)\, \mathrm{d}s} \tag{3.3.56}$$

und mit $b = \sqrt{\lambda}$ und $\lambda \to \infty$ folgt $\liminf_{t\to\infty} f(t)\mathrm{e}^{-t} \geq A$ und damit die Behauptung. □

3.4 Die Mellintransformation

3.4.1 Aus der Laplacetransformation entsteht durch Substitution $t = \ln s$ die (einseitige) *Mellintransformation*[12]. Das erlaubt das direkte Übertragen der meisten Sätze. Für Funktionen $f : [1, \infty) \to \mathbb{C}$ betrachtet man dazu

$$\mathscr{M}_+[f](z) = \int_1^\infty t^{-z} f(t) \frac{\mathrm{d}t}{t}, \qquad \operatorname{Re} z > \delta_{\mathscr{M}}(f) \tag{3.4.1}$$

für

$$\delta_{\mathscr{M}}(f) = \limsup_{t\to\infty} \frac{\ln|f(t)|}{\ln t}. \tag{3.4.2}$$

Ersetzt man t durch $1/t$ und betrachtet also Funktionen $f : (0, 1] \to \mathbb{C}$, so ergibt sich als Gegenstück die (einseitige) *Mellintransformation*

$$\mathscr{M}_-[f](z) = \int_0^1 t^{-z} f(t) \frac{\mathrm{d}t}{t}, \qquad \operatorname{Re} z < \eta_{\mathscr{M}}(f) \tag{3.4.3}$$

mit

$$\eta_{\mathscr{M}}(f) = \liminf_{t\to 0} \frac{\ln|f(t)|}{\ln t}. \tag{3.4.4}$$

Diese ist ebenso linear und erfüllt entsprechende Eigenschaften. Ebenso von Interesse ist die Summe beider, vorausgesetzt $f : \mathbb{R}_+ \to \mathbb{C}$ erfüllt $\delta_{\mathscr{M}}(f) < \eta_{\mathscr{M}}(f)$. Die dadurch entstehende Integraltransformation

$$\mathscr{M}[f](z) = \int_0^\infty t^{-z} f(t) \frac{\mathrm{d}t}{t}, \qquad \delta_{\mathscr{M}}(f) < \operatorname{Re} z < \eta_{\mathscr{M}}(f) \tag{3.4.5}$$

wird als die (zweiseitige) *Mellintransformation* bezeichnet.

3.4.2 Proposition

(1) *Sei* $\ln(1 + |f(t)|) \in \mathbf{O}(\ln t)$ *für* $t \to \infty$ *und gelte*

$$\delta_{\mathscr{M}}(f) = \limsup_{t\to\infty} \frac{\ln|f(t)|}{\ln t} < \infty. \tag{3.4.6}$$

Dann ist die einseitige Mellintransformation

$$\mathscr{M}_+[f](z) = \int_1^\infty t^{-z} f(t) \frac{\mathrm{d}t}{t}, \qquad \operatorname{Re} z > \delta_{\mathscr{M}}(f), \tag{3.4.7}$$

[12] Hjalmar Mellin, 1854–1933.

holomorph in der Halbebene $\{z \in \mathbb{C} \,:\, \operatorname{Re} z > \delta_{\mathscr{M}}(f)\}$ *und erfüllt für jedes* $\delta > \delta_{\mathscr{M}}(f)$ *die Abschätzung*

$$|\mathscr{M}_+[f](z)| \le \frac{C}{\operatorname{Re} z - \delta}, \qquad \operatorname{Re} z > \delta. \tag{3.4.8}$$

(1') *Sei* $\ln(1 + |f(t)|) \in \mathbf{O}(\ln t)$ *für* $t \to 0$ *und gelte*

$$\eta_{\mathscr{M}}(f) = \liminf_{t\to\infty} \frac{\ln |f(t)|}{\ln t} > -\infty. \tag{3.4.9}$$

Dann ist die einseitige Mellintransformation

$$\mathscr{M}_-[f](z) = \int_0^1 t^{-z} f(t)\frac{\mathrm{d}t}{t}, \qquad \operatorname{Re} z < \eta_{\mathscr{M}}(f), \tag{3.4.10}$$

holomorph in der Halbebene $\{z \in \mathbb{C} \,:\, \operatorname{Re} z < \eta_{\mathscr{M}}(f)\}$ *und erfüllt für jedes* $\eta < \eta_{\mathscr{M}}(f)$ *die Abschätzung*

$$|\mathscr{M}_-[f](z)| \le \frac{C}{\eta - \operatorname{Re} z}, \qquad \operatorname{Re} z < \eta. \tag{3.4.11}$$

(2) *Die ein- und zweiseitigen Mellintransformationen sind linear.*

(3) *Es gilt der Faltungssatz*

$$\mathscr{M}_+[f \circledast_+ g](z) = \mathscr{M}_+[f](z)\, \mathscr{M}_+[g](z), \qquad \operatorname{Re} z > \max\{\delta_{\mathscr{M}}(f), \delta_{\mathscr{M}}(g)\} \tag{3.4.12}$$

für die Mellinfaltung

$$f \circledast_+ g(t) = \int_1^t f\left(\frac{t}{s}\right) g(s)\frac{\mathrm{d}s}{s}. \tag{3.4.13}$$

(3') *Es gilt der Faltungssatz*

$$\mathscr{M}_-[f \circledast_- g](z) = \mathscr{M}_-[f](z)\, \mathscr{M}_-[g](z), \qquad \operatorname{Re} z < \min\{\eta_{\mathscr{M}}(f), \eta_{\mathscr{M}}(g)\} \tag{3.4.14}$$

für die Mellinfaltung

$$f \circledast_- g(t) = \int_t^1 f\left(\frac{t}{s}\right) g(s)\frac{\mathrm{d}s}{s}. \tag{3.4.15}$$

(3'') *Es gilt der Faltungssatz*

$$\mathscr{M}[f \circledast g](z) = \mathscr{M}[f](z)\, \mathscr{M}[g](z),$$
$$\max\{\delta_{\mathscr{M}}(f), \delta_{\mathscr{M}}(g)\} < \operatorname{Re} z < \min\{\eta_{\mathscr{M}}(f), \eta_{\mathscr{M}}(g)\} \tag{3.4.16}$$

für die zweiseitige Mellinfaltung

$$f \circledast g(t) = \int_0^\infty f\left(\frac{t}{s}\right) g(s)\frac{\mathrm{d}s}{s}. \tag{3.4.17}$$

(4) *Es gilt für* $g(t) = t^{\mu} f(t)$ *der Dämpfungssatz*

$$\mathcal{M}_{\pm}[g](z) = \mathcal{M}_{\pm}[f](z-\mu). \tag{3.4.18}$$

(5) *Für* $g(t) = tf'(t)$ *gilt der Differentiationssatz*

$$\mathcal{M}_{+}[g](z) = z\mathcal{M}_{+}[f](z) - f(1), \qquad \mathcal{M}_{-}[g](z) = z\mathcal{M}_{-}[f](z) + f(1) \tag{3.4.19}$$

und damit insbesondere

$$\mathcal{M}[g](z) = z\mathcal{M}[f](z). \tag{3.4.20}$$

(6) *Für hölderstetiges* f *gilt punktweise die Inversionsformel*

$$f(t) = \frac{1}{2\pi \mathrm{i}} \text{v.p.} \int_{\gamma - \mathrm{i}\infty}^{\gamma + \mathrm{i}\infty} t^z \mathcal{M}[f](z)\,\mathrm{d}z \tag{3.4.21}$$

mit $\delta_{\mathcal{M}}(f) < \gamma < \eta_{\mathcal{M}}(f)$ *und entsprechend*

$$f(t) = \frac{1}{2\pi \mathrm{i}} \text{v.p.} \int_{\gamma - \mathrm{i}\infty}^{\gamma + \mathrm{i}\infty} t^z \mathcal{M}_{\pm}[f](z)\,\mathrm{d}z, \qquad t^{\pm 1} > 1. \tag{3.4.22}$$

Beweis Die angegebenen Aussagen ergeben sich aus denen für die Laplacetransformation. Aussagen **(1)** und **(1')** entsprechen Proposition 3.1.1. Aussage **(2)** entspricht Proposition 3.1.2, Aussagen **(3)** und **(3')** entsprechen Proposition 3.1.4 und Aussage **(4)** Proposition 3.1.5. Aussage **(3")** ist entsprechend einfach nachzurechnen, es gilt

$$\begin{aligned} \mathcal{M}[f \circledast g](z) &= \int_0^\infty t^{-z} \left(\int_0^\infty f\left(\frac{t}{s}\right) g(s) \frac{\mathrm{d}s}{s} \right) \frac{\mathrm{d}t}{t} \\ &= \int_0^\infty s^{-z} \int_0^\infty \left(\frac{t}{s}\right)^{-z} f\left(\frac{t}{s}\right) \frac{\mathrm{d}t}{t} g(s) \frac{\mathrm{d}s}{s} = \mathcal{M}[f](z)\mathcal{M}[g](z) \end{aligned} \tag{3.4.23}$$

unter Ausnutzung des Satzes von Fubini und der absoluten Konvergenz aller auftretenden Integrale. Der Differentiationssatz **(5)** ergibt sich aus Proposition 3.1.6, die Inversionsformel folgt entsprechend aus Satz 3.1.9. □

Die Laplacetransformation stand in engem Zusammenhang zu Differentialgleichungen mit konstanten Koeffizienten. Für die Mellintransformation erhalten wir entsprechend ein Lösungsverfahren für Differentialgleichungen vom Fuchstyp.

3.4.3 Beispiel (Differentialgleichungen vom Fuchstyp[13]) Gegeben sei die Differentialgleichung

$$\sum_{k=0}^{m} \alpha_k (t\partial_t)^k f(t) = g(t) \tag{3.4.24}$$

mit Koeffizienten $\alpha_k \in \mathbb{C}$, einseitig mellintransformierbarer rechter Seite $\ln(1 + |g|) \in \mathbf{O}(\ln t)$ für $t \to 0$ und (End-) Werten in $t = 1$

$$(t\partial_t)^k f(t)\Big|_{t=1} = \beta_k \in \mathbb{C} \qquad k = 0, 1, \ldots, m-1. \tag{3.4.25}$$

Die einseitige Mellintransformation liefert daraus

$$\sum_{k=0}^{m} \alpha_k z^k \mathscr{M}_-[f](z) = -\sum_{k=0}^{m} \alpha_k \sum_{\ell=0}^{k-1} \beta_\ell z^{k-\ell-1} + \mathscr{M}_-[g](z), \tag{3.4.26}$$

also mit den Polynomen

$$p(z) = \sum_{k=0}^{m} \alpha_k z^k, \quad \text{und} \quad q_\ell(z) = \sum_{k=\ell+1}^{m} \alpha_k z^{k-1-\ell} \tag{3.4.27}$$

die Darstellung

$$\mathscr{M}_-[f](z) = -\sum_{\ell=0}^{m-1} \beta_\ell \frac{q_\ell(z)}{p(z)} + \frac{\mathscr{M}_-[g](z)}{p(z)}, \qquad \operatorname{Re} z < \eta_{\mathscr{M}}(f), \tag{3.4.28}$$

der Mellintransformierten $\mathscr{M}_-[f](z)$ in Abhängigkeit der Daten β_k und der rechten Seite g. Wir beschränken uns auf den Fall einfacher Nullstellen. Bezeichnet man diese mit λ_k, $k = 1, \ldots m$, so ergeben sich die Partialbruchzerlegungen

$$\frac{1}{p(z)} = \sum_{k=1}^{m} \frac{\gamma_k}{z - \lambda_k}, \qquad \frac{q_\ell(z)}{p(z)} = \sum_{k=1}^{m} q_\ell(\lambda_k) \frac{\gamma_k}{z - \lambda_k} \tag{3.4.29}$$

für die auftretenden Terme und die Rücktransformation liefert

$$f(t) = -\sum_{\ell=0}^{m-1} \beta_\ell \sum_{k=1}^{m} q_\ell(\lambda_k) \gamma_k t^{\lambda_k} + \sum_{k=1}^{m} \gamma_k \int_t^1 g\left(\frac{t}{s}\right) s^{\lambda_k} \frac{\mathrm{d}s}{s}. \tag{3.4.30}$$

Der auftretende Integralterm ist dabei eine Mellinfaltung. Der Fall mehrfacher Nullstellen ist entsprechend und enthält neben Potenzen noch logarithmische Terme.

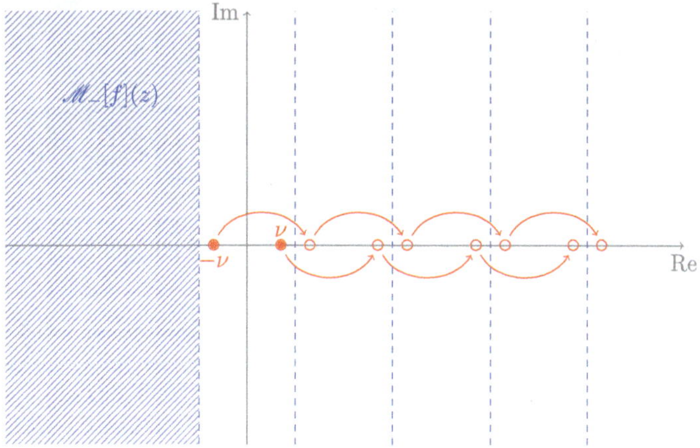

Abb. 3.5 Meromorphe Fortsetzung in Beispiel 3.4.4, $\nu \notin \mathbb{Z}$

Ein typisches Beispiel ist hier die Besselsche Differentialgleichung und die Konstruktion der zugehörigen Besselfunktionen. Spezialfälle davon sind uns schon in Beispiel 2.4.8 begegnet.

3.4.4 Beispiel (Besselsche Differentialgleichung) Gegeben sei die *Besselsche Differentialgleichung*

$$t^2 f''(t) + tf'(t) + (t^2 - \nu^2) f(t) = 0 \tag{3.4.31}$$

zum Parameter $\nu \in \mathbb{C}$. Wir suchen Lösungen in der Nähe von $t = 0$ bzw. das Verhalten von Lösungen für $t \to 0$. Die einseitige Mellintransformation liefert ausgehend von

$$\left((t\partial_t)^2 - \nu^2\right) f(t) + t^2 f(t) = 0 \tag{3.4.32}$$

die Gleichung

$$(z^2 - \nu^2)\mathscr{M}_-[f](z) + \mathscr{M}_-[f](z-2) = -az - b \tag{3.4.33}$$

zu Werten $f(1) = a$ und $f'(1) = b$. Weiss man $f \in \mathcal{O}_{t\to 0}(t^\delta)$ für ein δ, so ist $\mathscr{M}_-[f]$ holomorph für $\operatorname{Re} z < \delta$. Die Funktionalgleichung

$$\mathscr{M}_-[f](z) = -\frac{az + b}{z^2 - \nu^2} - \frac{\mathscr{M}_-[f](z-2)}{z^2 - \nu^2} \tag{3.4.34}$$

liefert eine meromorphe Fortsetzung auf $\mathbb{C}$ mit Polen in den Punkten $2k + \nu$ und $2k - \nu$ für $k \in \mathbb{N}_0$, siehe Abb. 3.5. Wir nehmen an, dass $\nu \notin \mathbb{Z}$. Dann sind alle Pole einfach und die Residuen der Pole in $\pm\nu$ bestimmen alle weiteren Residuen. Sei

$$\operatorname{Res}_{-\nu} \mathscr{M}_-[f] = -\alpha, \qquad \operatorname{Res}_{\nu} \mathscr{M}_-[f] = -\beta, \tag{3.4.35}$$

[13] Lazarus Fuchs, 1833–1902.

wobei wir für $\mathscr{M}_-$ ein negatives Vorzeichen nutzen um später positive führende Koeffizienten zu haben. Dann folgt

$$\begin{aligned}\operatorname{Res}_{2k}\mathscr{M}_-[f] &= -\prod_{\ell=1}^{k}\frac{-\alpha}{(2\ell-\nu)^2-\nu^2} = -(-1)^k\alpha\prod_{\ell=1}^{k}\frac{1}{4\ell(\ell-\nu)},\\ \operatorname{Res}_{2k+\nu}\mathscr{M}_-[f] &= -\prod_{\ell=1}^{k}\frac{-\beta}{(2\ell+\nu)^2-\nu^2} = -(-1)^k\beta\prod_{\ell=1}^{k}\frac{1}{4\ell(\ell+\nu)}.\end{aligned} \tag{3.4.36}$$

Je weiter wir nach rechts fortsetzen, desto schneller fällt die Funktion für größer werdende Imaginärteile. Dies folgt direkt aus der Rekursion (3.4.34). Damit liefern die Inversionsformel zusammen mit dem Integralsatz A.2.3 von Cauchy

$$\begin{aligned}f(t) &= \alpha t^{-\nu}+\beta t^{\nu}+\frac{1}{2\pi\mathrm{i}}\,\mathrm{v.p.}\int_{1-\mathrm{i}\infty}^{1+\mathrm{i}\infty} t^z\mathscr{M}_-[f](z)\,\mathrm{d}z\\ &= \alpha t^{-\nu}+\beta t^{\nu}-\frac{\alpha}{4(1-\nu)}t^{-\nu+2}-\frac{\beta}{4(1+\nu)}t^{\nu+2}\\ &\quad+\frac{1}{2\pi\mathrm{i}}\int_{3-\mathrm{i}\infty}^{3+\mathrm{i}\infty} t^z\mathscr{M}_-[f](z)\,\mathrm{d}z\\ &= \alpha t^{-\nu}\sum_{\ell=0}^{k}\frac{(-1)^\ell}{4^\ell\ell!\,(\ell+1-\nu)_\ell}t^{2\ell}+\beta t^{\nu}\sum_{\ell=0}^{k}\frac{(-1)^\ell}{4^\ell\ell!\,(\ell+1+\nu)_\ell}t^{2\ell}\\ &\quad+\frac{1}{2\pi\mathrm{i}}\int_{2k+1-\mathrm{i}\infty}^{2k+1+\mathrm{i}\infty} t^z\mathscr{M}_-[f](z)\,\mathrm{d}z\end{aligned} \tag{3.4.37}$$

für jedes $k\in\mathbb{N}$ und unter Ausnutzung der Pochhammersymbole $(a)_\ell = a\cdots(a-\ell+1)$. Das auftretende Integral konvergiert absolut für hinreichend großes k, die angegebenen Reihen sind also asymptotisch. Sie sind allerdings auch konvergent und bestimmen zwei linear unabhängige Lösungen der Besselschen Differentialgleichung. Mit $\alpha=\beta=1$ ergeben sich auf diese Weise die *Besselfunktionen* $\mathcal{J}_{\pm\nu}(z)$ für $\nu\notin\mathbb{Z}$.

Für ganzzahliges $\nu\in\mathbb{N}$ ergibt sich die Situation von Abb. 3.6 und wir unterscheiden zwei Fälle. Besitzt $\mathscr{M}_-[f]$ einen *einfachen* Pol in $z=\nu$, so ergeben sich auch *einfache* Pole in $z=\nu+k$, $k\in\mathbb{N}$ (und Nullstellen für $\mathscr{M}_-[f](z)$ in $z\in\{-\nu-1,-\nu,1-\nu,\ldots,\nu-1\}$). Dies führt zur Besselfunktion $\mathcal{J}_n(t)$ mit

$$\mathcal{J}_n(t) = t^n\sum_{\ell=0}^{\infty}\frac{(-1)^\ell}{4^\ell\ell!(\ell+1+\nu)_\ell}. \tag{3.4.38}$$

Besitzt $\mathscr{M}_-[f]$ andererseits einen *einfachen* Pol in $z=-\nu$, so folgt ein *zweifacher* Pol in $z=+\nu$ und entsprechend zweifache Pole in $z=\nu+2k$, $k\in\mathbb{N}$. Bei

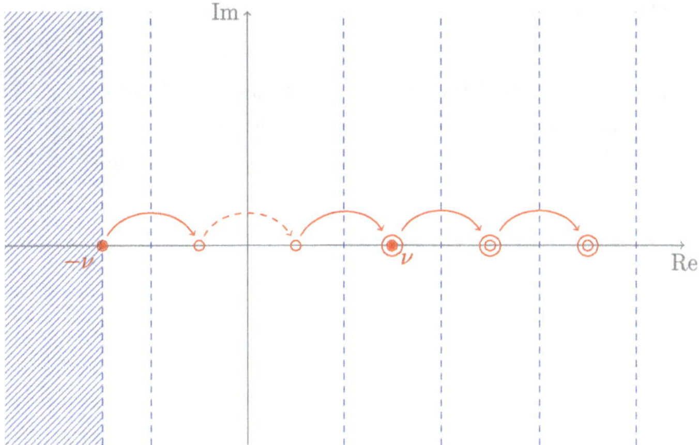

Abb. 3.6 Meromorphe Fortsetzung in Beispiel 3.4.4, $\nu \in \mathbb{N}$

entsprechender Wahl der beiden Residuen in $\pm\nu$ erhält man auf diese Weise die *Weberfunktion* $\mathcal{Y}_n(t)$

$$\mathcal{Y}_n(z) = \lim_{\nu \to n} \frac{\mathcal{J}_\nu(z)\cos(\nu\pi) - \mathcal{J}_{-\nu}(z)}{\sin(\nu\pi)} \tag{3.4.39}$$

als zweite Lösung der Besselschen Differentialgleichung.

Für $\nu = 0$ gilt entsprechendes. Besitzt $\mathcal{M}_-[f]$ in $z = 0$ einen *einfachen* Pol, so ergeben sich *einfache* Pole in $z = 2k$, $k \in \mathbb{N}$ und damit die Lösung

$$\mathcal{J}_0(t) = \sum_{k=0}^{\infty} \alpha_k t^{2k}, \qquad \alpha_0 = 1. \tag{3.4.40}$$

Besitzt $\mathcal{M}_-[f]$ einen *zweifachen* Pol in $z = 0$ mit Residuum 0, so ergeben sich auch *zweifache* Pole in $z = 2k$, $k \in \mathbb{N}$ und damit die Lösung

$$\mathcal{Y}^{(0)}(t) = \ln t \sum_{k=0}^{\infty} \alpha_k t^{2k} + \sum_{k=1}^{\infty} \beta_k t^{2k} = \mathcal{J}_0(t) \ln t + \sum_{k=1}^{\infty} \beta_k t^{2k} \tag{3.4.41}$$

mit entsprechenden β_k. Das entspricht der auf Neumann zurückgehenden zweiten Lösung der Besselschen Differentialgleichung. Für die Webersche Funktion $\mathcal{Y}_0(t)$ ist das Residuum in $z = 0$ entsprechend anders zu wählen.

3.5 Dirichletreihen

3.5.1 In der multiplikativen Zahlentheorie nutzt man als Alternative zu Erzeugendenfunktionen sogenannte *Dirichletreihen*[14]. Diese sind für eine gegebene Folge $a : \mathbb{N} \to \mathbb{C}$ mit polynomialer Schranke $\ln(1 + |a_n|) \in \mathbf{O}(\ln n)$ für $n \to \infty$ definiert als

$$\mathscr{D}[a](z) = \sum_{n=1}^{\infty} \frac{a_n}{n^z}, \qquad \operatorname{Re} z > \delta_{\mathscr{D}}(a) + 1, \tag{3.5.1}$$

wobei die Wachstumsschranke

$$\delta_{\mathscr{D}}(a) = \limsup_{n\to\infty} \frac{\ln |a_n|}{\ln n} \tag{3.5.2}$$

die Konvergenzhalbebene bestimmt. Für alle $\operatorname{Re} z > \delta_{\mathscr{D}}(a) + 1$ konvergiert die Dirichletreihe absolut und lokal gleichmäßig. Wir beginnen wieder mit elementaren Eigenschaften, bevor wir uns interessanteren Anwendungen zuwenden.

3.5.2 Proposition

(1) *Es gilt* $\mathscr{D}[a] \in \mathcal{A}(\{z \in \mathbb{C} : \operatorname{Re} z > \delta_{\mathscr{D}}(a) + 1\})$ *zusammen mit der Abschätzung*

$$\sup_{\operatorname{Re} z > \delta+1} |\mathscr{D}[a](z)| < \infty \tag{3.5.3}$$

für jedes $\delta > \delta_{\mathscr{D}}(a)$.

(2) *Die Dirichletreihe hängt linear von der Folge* $a : \mathbb{N} \to \mathbb{C}$ *ab. Genauer, es gilt*

$$\delta_{\mathscr{D}}(a + b) \le \max\{\delta_{\mathscr{D}}(a), \delta_{\mathscr{D}}(b)\}, \tag{3.5.4}$$

sowie

$$\mathscr{D}[a + b](z) = \mathscr{D}[a](z) + \mathscr{D}[b](z), \qquad \operatorname{Re} z > \max\{\delta_{\mathscr{D}}(a), \delta_{\mathscr{D}}(b)\} + 1. \tag{3.5.5}$$

(3) *Bezeichne zu zwei Folgen* $a, b : \mathbb{N} \to \mathbb{C}$

$$(a * b)_n = \sum_{n=k\ell} a_k b_\ell \tag{3.5.6}$$

ihre Dirichletfaltung, *so gilt*

$$\delta_{\mathscr{D}}(a * b) \le \max\{\delta_{\mathscr{D}}(a), \delta_{\mathscr{D}}(b)\}, \tag{3.5.7}$$

[14] Johann Peter Gustav Lejeune Dirichlet, 1805–1859.

sowie

$$\mathscr{D}[a * b](z) = \mathscr{D}[a](z)\,\mathscr{D}[b](z), \qquad \operatorname{Re} z > \max\{\delta_{\mathscr{D}}(a), \delta_{\mathscr{D}}(b)\} + 1. \quad (3.5.8)$$

Beweis (1) Die Holomorphie folgt direkt aus der absoluten und lokal gleichmäßigen Konvergenz der Reihe, also der Abschätzung

$$\begin{aligned} |\mathscr{D}[a](z)| &\le \sum_{n=1}^{\infty} \frac{|a_n|}{n^{\operatorname{Re} z}} \le C \sum_{n=1}^{\infty} n^{\delta - \operatorname{Re} z} \\ &\le C \left(1 + \int_1^{\infty} t^{\delta - \operatorname{Re} z}\, \mathrm{d}t\right) = C + \frac{C}{\operatorname{Re} z - \delta - 1}. \end{aligned} \quad (3.5.9)$$

für alle $\operatorname{Re} z - 1 > \delta > \delta_{\mathscr{D}}(a)$. • (2) folgt direkt aus der Definition. • **(3)** folgt aus der absoluten Konvergenz der Reihen und der dadurch erlaubten Umordnung

$$\left(\sum_{k=1}^{\infty} \frac{a_k}{k^z}\right)\left(\sum_{\ell=1}^{\infty} \frac{b_\ell}{\ell^z}\right) = \sum_{n=1}^{\infty} \left(\sum_{n=k\,\ell} a_k b_\ell\right) \frac{1}{n^z} = \sum_{n=1}^{\infty} \frac{(a * b)_n}{n^z}. \quad (3.5.10)$$

□

3.5.3 Beispiel Die bekannteste Dirichletreihe ist die *Riemannsche* ζ*-Funktion*, dargestellt in Abb. 3.7. Diese ist der Folge $a = \mathbf{1}$, also $a_n = 1$ für alle n, zugeordnet, und damit durch

$$\zeta(z) = \mathscr{D}[\mathbf{1}](z) = \sum_{n=1}^{\infty} \frac{1}{n^z} \quad (3.5.11)$$

gegeben. Aufgrund majorisierter Konvergenz sieht man, dass $\lim_{z \to +\infty} \zeta(z) = 1$ gilt.

Für weitere Anwendungen benötigen wir die meromorphe Fortsetzung der ζ-Funktion. Dazu nutzen wir die Integraldarstellung der Γ-Funktion in der Form

$$\frac{\Gamma(z)}{n^z} = \int_0^{\infty} \mathrm{e}^{-nt} t^{z-1}\, \mathrm{d}t, \qquad n \in \mathbb{N}, \quad \operatorname{Re} z > 0, \quad (3.5.12)$$

welche nach Einsetzen in die Dirichletreihe und unter Nutzung der geometrischen Summenformel die Integraldarstellung der ζ-Funktion

$$\begin{aligned} \zeta(z) &= \frac{1}{\Gamma(z)} \sum_{n=1}^{\infty} \int_0^{\infty} \mathrm{e}^{-nt} t^{z-1}\, \mathrm{d}t = \frac{1}{\Gamma(z)} \int_0^{\infty} \left(\sum_{n=1}^{\infty} \mathrm{e}^{-nt}\right) t^{z-1}\, \mathrm{d}t \\ &= \frac{1}{\Gamma(z)} \int_0^{\infty} \frac{t^{z-1}}{\mathrm{e}^t - 1}\, \mathrm{d}t, \qquad \operatorname{Re} z > 1 \end{aligned} \quad (3.5.13)$$

Abb. 3.7 Phasenportrait der Riemannschen ζ-Funktion für $\operatorname{Re} z$, $\operatorname{Im} z \in [-40, 40]$

liefert. Diese kann man in die linke Halbebene fortsetzen, indem man das Integral in einen Teil nahe Null und den Integralrest zerlegt. Der Integralrest ist offenbar ganz, der Teil nahe Null steht im Zusammenhang zu den Bernoullizahlen (1.3.1). Zusammen mit den einfachen Polen der Γ-funktion in $z \in -\mathbb{N}_0$ ergibt sich daraus die meromorphe Fortsetzung der ζ-Funktion auf $\mathbb{C} \setminus \{0\}$

$$\begin{aligned} \zeta(z) &= \frac{1}{\Gamma(z)} \left(\int_0^1 \frac{t^{z-1}}{e^t - 1} \, dt + \int_1^\infty \frac{t^{z-1}}{e^t - 1} \, dt \right) \\ &= \frac{1}{\Gamma(z)} \left(\frac{1}{z-1} - \frac{1}{2z} + \sum_{n=2}^\infty \frac{B_n}{n!} \frac{1}{z+n-1} + \int_1^\infty \frac{t^{z-1}}{e^t - 1} \, dt \right) \end{aligned} \tag{3.5.14}$$

für $z \notin -\mathbb{N}_0$. Diese besitzt einen einfachen Pol in $z = 1$ mit Residuum $\operatorname{Res}_{z=1} \zeta(z) = 1$ und Nullstellen in den negativen geraden Zahlen. Letzteres gilt, da die Bernoullizahlen $B_{2k+1} = 0$, $k \geq 1$, erfüllen.

3.5.4 Beispiel Sei δ die Folge mit $\delta_1 = 1$ und $\delta_n = 0$ für $n \geq 2$. Dann gilt offenbar

$$\delta * a = a = a * \delta \tag{3.5.15}$$

für jede Folge $a : \mathbb{N} \to \mathbb{C}$ und ebenso $\mathscr{D}[\delta](z) = 1$ für alle $z \in \mathbb{C}$.

3.5.5 Proposition *Die Menge aller Folgen $\mathbb{C}^{\mathbb{N}} = \{a : \mathbb{N} \to \mathbb{C}\}$ bildet zusammen mit der Addition, skalaren Vielfachen und der Dirichletfaltung als Multiplikation eine Algebra über $\mathbb{C}$ mit Einselement δ. Eine Folge $a \in \mathbb{C}^{\mathbb{N}}$ ist genau dann bezüglich der Dirichletfaltung $*$ invertierbar, wenn $a_1 \neq 0$ gilt. Gilt darüberhinaus $\delta_{\mathscr{D}}(a) < \infty$, so folgt $\delta_{\mathscr{D}}(a^{-*}) < \infty$ für die Dirichletinverse a^{-*}.*

Beweis Es ist nur die Invertierbarkeit einer Folge $(a_n)_{n\in\mathbb{N}}$ mit $a_1 \neq 0$ zu zeigen. Die Inverse $(b_n)_{n\in\mathbb{N}}$ müsste $1 = a_1 b_1$ zusammen mit

$$0 = \sum_{k|n} a_k b_{n/k}, \qquad n \geq 2 \tag{3.5.16}$$

erfüllen. Ersteres liefert $b_1 = 1/a_1$ und letzteres die Rekursion

$$b_n = \frac{-1}{a_1} \sum_{k|n,\, k>1} a_k b_{n/k}. \tag{3.5.17}$$

Besitzt die Folge a_n eine zugeordnete Dirichletreihe, gilt also $\delta_{\mathscr{D}}((a_n)) < \infty$, so folgt aus $|a_n| \leq C n^\delta$ für $\delta > \delta_{\mathscr{D}}(a)$ per Induktion $|b_n| \leq D n^{\delta+M}$ für M so groß gewählt, dass $C(\zeta(M) - 1) < |a_1|$ gilt. Der Induktionsanfang $|b_1| = 1/|a_1| \leq D$ ist klar, der Induktionsschritt folgt dann aus

$$|b_n| \leq \frac{CD}{|a_1|} \sum_{k=2}^{n} k^\delta (n/k)^{\delta+M} \leq D \frac{C(\zeta(M) - 1)}{|a_1|} n^{\delta+M} \leq D n^{\delta+M}. \tag{3.5.18}$$

□

3.5.6 Korollar *Zu jeder Dirichletreihe $\mathscr{D}[a]$ mit $a_1 \neq 0$ existiert eine Zahl M, so dass $\mathscr{D}[a](z) \neq 0$ für alle* $\operatorname{Re} z > M$ *gilt.*

3.5.7 Beispiel Mitunter weiss man mehr. Für die ζ-Funktion gilt die *Eulersche Produktdarstellung*

$$\zeta(z) = \sum_{n=1}^{\infty} \frac{1}{n^z} = \prod_{p \text{ prim}} \frac{1}{1 - p^{-z}}, \qquad \operatorname{Re} z > 1, \tag{3.5.19}$$

als Produkt über alle Primzahlen p. Damit folgt insbesondere $\zeta(z) \neq 0$ für alle $\operatorname{Re} z > 1$.

Die Eulerschen Produktdarstellung folgt aus der Eindeutigkeit der Primfaktorzerlegung natürlicher Zahlen. Damit kann für $\operatorname{Re} z > 1$ das (endliche) Produkt

$$\prod_{\substack{p \text{ prim} \\ p<N}} \frac{1}{1 - p^{-z}} = \prod_{\substack{p \text{ prim} \\ p<N}} \left(1 + \frac{1}{p^z} + \frac{1}{p^{2z}} + \cdots\right) = \sum_{\substack{n\in\mathbb{N} \\ \text{mit Primfaktoren } < N}} \frac{1}{n^z} \tag{3.5.20}$$

aufgrund der absoluten Konvergenz der geometrischen Reihen ausmultipliziert werden. Die sich ergebende Reihe enthält alle Summanden mit Primfaktoren kleiner N und konvergiert für $N \to \infty$ gegen die ζ-Funktion.

Dirichletreihen stehen in engem Zusammenhang zur Mellintransformation. Betrachtet man zu einer gegebenen Folge $a \in \mathbb{C}^{\mathbb{N}}$ mit $\delta_{\mathscr{D}}(a) < \infty$ die Funktion $A : [1, \infty) \to \mathbb{C}$

$$A(t) = \sum_{n \le t} a_n, \tag{3.5.21}$$

so folgt $\delta_{\mathscr{M}}(A) = \delta_{\mathscr{D}}(a) + 1$ und es gilt

$$\begin{aligned}\mathscr{M}_+[A](z) &= \int_1^\infty t^{-z} A(t) \frac{\mathrm{d}t}{t} = \int_1^\infty t^{-z} \sum_{n \le t} a_n \frac{\mathrm{d}t}{t} = \sum_{n=1}^\infty a_n \int_n^\infty t^{-z} \frac{\mathrm{d}t}{t} \\ &= \frac{1}{z} \sum_{n=1}^\infty \frac{a_n}{n^z} = \frac{1}{z} \mathscr{D}[a](z)\end{aligned} \tag{3.5.22}$$

für $\operatorname{Re} z > \max\{0, \delta_{\mathscr{M}}(A)\}$. Damit liefert die Inversionsformel der Mellintransformation automatisch auch eine Inversionsformel für Dirichletreihen. Da die Funktion $A(t)$ stückweise konstant (und damit stückweise hölderstetig) ist, impliziert Proposition 3.4.2 beziehungsweise Satz 3.1.9 und die darauf folgende Bemerkung

3.5.8 Satz *(Inversionsformel von Stieltjes*[15]*–Perron*[16]*) Sei* $a : \mathbb{N} \to \mathbb{C}$ *mit* $\delta_{\mathscr{D}}(a) < \infty$. *Dann gilt für* $\gamma > \max\{\delta_{\mathscr{D}}(a) + 1, 0\}$ *und alle* $t \notin \mathbb{N}$

$$\sum_{n \le t} a_n = \frac{1}{2\pi \mathrm{i}} \mathrm{v.p.} \int_{\gamma - \mathrm{i}\infty}^{\gamma + \mathrm{i}\infty} t^z \mathscr{D}[a](z) \frac{\mathrm{d}z}{z}, \tag{3.5.23}$$

während für $t \in \mathbb{N}$ *das Hauptwertintegral den Wert* $\sum_{n<t} a_n + \frac{1}{2} a_t$ *liefert.*

3.6 Dirichletreihen der multiplikativen Zahlentheorie

Wir betrachten einige Beispiele, die wichtigsten Hilfsmittel sind Dirichletfaltungen und die schon gezeigten Eigenschaften der Riemannschen ζ-Funktion.

3.6.1 Beispiel Die *Teilerzahl* $d(n) = \#\{k \in \mathbb{N} \ : \ k|n\}$ erfüllt offenbar

$$d(n) = (\mathbf{1} * \mathbf{1})_n = \sum_{k|n} 1 \tag{3.6.1}$$

und besitzt damit als zugeordnete Dirichletreihe die Funktion $\zeta^2(z) := (\zeta(z))^2$. Allgemeiner sei $d_k(n)$ die Anzahl der Möglichkeiten, die Zahl n als Produkt von k

[15] Thomas Jean Stieltjes, 1856–1894.

[16] Oskar Perron, 1880–1975.

Zahlen zu schreiben. Dann gilt

$$\mathscr{D}[d_k](z) = (\zeta(z))^k, \qquad \operatorname{Re} z > 1. \tag{3.6.2}$$

Wir nennen eine zahlentheoretische Funktion $f : \mathbb{N} \to \mathbb{C}$ *multiplikativ*, falls

$$f(mn) = f(m)f(n) \tag{3.6.3}$$

für alle *teilerfremden* Zahlen m und n gilt.

3.6.2 Proposition *Sei f multiplikativ mit $\delta_{\mathscr{D}}(f) < \infty$. Dann gilt für die zugeordnete Dirichletreihe die Produktdarstellung*

$$\mathscr{D}[f](z) = \prod_{p\,prim} \sum_{k=0}^{\infty} \frac{f(p^k)}{p^{kz}}. \tag{3.6.4}$$

Umgekehrt impliziert eine solche Produktdarstellung die Multiplikativität von f.

Beweis Der Beweis ist analog zu dem der Eulerschen Produktdarstellung der ζ-Funktion und folgt damit direkt aus der Eindeutigkeit der Primfaktorzerlegung natürlicher Zahlen. □

3.6.3 Beispiel Als Anwendung konstruieren wir die Dirichletinverse $\mu = \mathbf{1}^{-*}$. Da nach Definition $\mathscr{D}[\mathbf{1}](z) = \zeta(z)$ gilt, erfüllt μ auch $\mathscr{D}[\mu](z) = \frac{1}{\zeta(z)}$. Damit ist μ multiplikativ und erfüllt

$$\mathscr{D}[\mu] = \frac{1}{\zeta(z)} = \prod_{p\,\mathrm{prim}} \left(1 - \frac{1}{p^z}\right) = \prod_{p\,\mathrm{prim}} \sum_{k=0}^{\infty} \frac{\mu(p^k)}{p^{kz}} = \sum_{n} \frac{\mu(n)}{n^z}. \tag{3.6.5}$$

Somit erhält man $\mu(1) = 1$, $\mu(p) = -1$ für alle Primzahlen p, und $\mu(p_1 \cdots p_k) = (-1)^k$ für Produkte paarweise verschiedener Primzahlen. Für alle Zahlen n mit quadratischen Teilern ist $\mu(n) = 0$. Die so konstruierte Funktion μ heißt *Möbiusfunktion*[17] und erfüllt (nach Konstruktion) die *Möbiussche Umkehrformel*

$$\mu * \mathbf{1} = \mathbf{1} * \mu = \boldsymbol{\delta}. \tag{3.6.6}$$

Korollar *(Möbius) Sei $(a_n) \in \mathbb{C}^{\mathbb{N}}$ eine Folge und bezeichne*

$$b_n = \sum_{k|n} a_k. \tag{3.6.7}$$

[17] August Ferdinand Möbius, 1790–1868.

Dann gilt

$$a_n = \sum_{k|n} \mu(k) b_{n/k}. \tag{3.6.8}$$

3.6.4 Beispiel Für die Eulersche φ-Funktion

$$\varphi(n) = \#\{k \leq n \,:\, \mathrm{ggT}(k,n) = 1\} \tag{3.6.9}$$

gilt nach dem Abzählprinzip

$$\varphi(n) = n - \sum_{p|n} \frac{n}{p} + \sum_{p,p'|n} \frac{n}{pp'} - + \cdots = n \prod_{p|n} \left(1 - \frac{1}{p}\right), \tag{3.6.10}$$

dabei ist

$$\frac{n}{p} = \#\{m \leq n : p|m\}, \qquad \frac{n}{pp'} = \#\{m \leq n : pp'|m\}, \qquad \text{etc.} \tag{3.6.11}$$

Also gilt

$$\varphi = \mu * \mathbf{n}, \qquad n = \varphi * \mathbf{1}(n) = \sum_{k|n} \varphi(k), \tag{3.6.12}$$

letzteres nach der Möbiusschen Umkehrformel. Interessanter für uns ist die zugehörige Dirichletreihe

$$\mathscr{D}[\varphi](z) = \sum_{n=1}^{\infty} \frac{\varphi(n)}{n^z} = \sum_{n=1}^{\infty} \frac{(\mathbf{n} * \mu)(n)}{n^z} = \left(\sum_{n=1}^{\infty} \frac{n}{n^z}\right)\left(\sum_{n=1}^{\infty} \frac{\mu(n)}{n^z}\right) = \frac{\zeta(z-1)}{\zeta(z)}. \tag{3.6.13}$$

3.6.5 Beispiel Sei $\sigma(n) = \sum_{k|n} k$ die Summe der Teiler der Zahl n. Dann gilt $\sigma = \mathbf{n} * \mathbf{1}$ und somit insbesondere $\mathscr{D}[\sigma](z) = \zeta(z)\zeta(z-1)$.

3.6.6 Beispiel Die *von-Mangoldt-Funktion*[18] $\Lambda(n)$ ist durch $\Lambda(1) = 0$, $\Lambda(p^m) = \ln p$ für p prim und $\Lambda(n) = 0$ für alle Zahlen mit verschiedenen Primfaktoren definiert. Durch Logarithmieren der Produktdarstellung der ζ-Funktion erhält man

$$\ln \zeta(z) = \sum_{p \text{ prim}} \ln \frac{1}{1 - p^{-z}} \tag{3.6.14}$$

[18] Hans von Mangoldt, 1854–1925.

und damit als logarithmische Ableitung der ζ-Funktion

$$-\frac{\zeta'(z)}{\zeta(z)} = -\frac{\mathrm{d}}{\mathrm{d}z}\ln\zeta(z) = \sum_{p\,\text{prim}} \frac{\mathrm{d}}{\mathrm{d}z}\ln(1-p^{-z}) = \sum_{p\,\text{prim}} \frac{p^{-z}}{1-p^{-z}}\ln p$$
$$= \sum_{p\,\text{prim}} \ln p \sum_{k=1}^{\infty} \frac{1}{p^{kz}} = \sum_{n=1}^{\infty} \frac{\Lambda(n)}{n^z} = \mathscr{D}[\Lambda](z). \tag{3.6.15}$$

3.7 Der Primzahlsatz

Dirichletreihen sind für die Untersuchung des asymptotischen Verhaltens zahlentheoretischer Funktionen von Interesse. Es liegt also nahe, die nun berechneten Dirichletreihen zu invertieren und damit Aussagen über die zugrundeliegenden Folgen zu gewinnen. Während die Dirichletreihen

$$\mathscr{D}[d_k](z) = (\zeta(z))^k, \qquad \mathscr{D}[\mathbf{n}](z) = \zeta(z-1) \quad \text{und} \quad \mathscr{D}[\sigma](z) = \zeta(z)\zeta(z-1) \tag{3.7.1}$$

meromorph auf $\mathbb{C}$ mit bekannten Polen und Residuen sind und nur von der schon konstruierten Polstruktur der meromorphen Fortsetzung der ζ-Funktion abhängen, sind für die Dirichletreihen

$$\mathscr{D}[\mu](z) = \frac{1}{\zeta(z)}, \qquad \mathscr{D}[\varphi](z) = \frac{\zeta(z-1)}{\zeta(z)} \quad \text{und} \quad \mathscr{D}[\Lambda](z) = -\frac{\zeta'(z)}{\zeta(z)} \tag{3.7.2}$$

ebenso die Lage der (nichttrivialen) Nullstellen der ζ-Funktion von Bedeutung. Die *Riemannsche Vermutung* besagt, dass diese sich alle auf der Linie $\operatorname{Re} z = 1/2$ befinden, bekannt ist bisher nur, dass sie im Inneren des Streifens $0 < \operatorname{Re} z < 1$ und fast alle in der Nähe von $\operatorname{Re} z = 1/2$ liegen.

Vorbereitend benötigen wir einen tauberschen Satz um Rückschlüsse aus dem Randverhalten der Dirichletreihe auf die Asymptotik der Folge ziehen zu können.

3.7.1 Satz (Landau, Ikehara).

(1) *Angenommen, eine Folge* $a \in \mathbb{C}^{\mathbb{N}}$ *erfüllt* $\ln|a| \in \mathbf{o}(\ln n)$. *Dann impliziert*

$$\lim_{n\to\infty} \frac{1}{n}\sum_{k=1}^{n} a_k = A \tag{3.7.3}$$

für die zugeordnete Dichletreihe

$$\mathscr{D}[a](z) \sim \frac{A}{z-1}, \qquad z \searrow 1. \tag{3.7.4}$$

(2) *Angenommen, für eine Folge* $a \in \mathbb{C}^{\mathbb{N}}$ *mit* $a_n \geq 0$ *und* $\delta_{\mathscr{D}}(a) = 0$ *besitzt*

$$\mathscr{D}[a](z) - \frac{A}{z-1} \tag{3.7.5}$$

eine stetige Fortsetzung auf die abgeschlossene Halbebene $\{z : \operatorname{Re} z \geq 1\}$, *dann gilt*

$$\lim_{n\to\infty} \frac{1}{n} \sum_{k=1}^{n} a_k = A. \tag{3.7.6}$$

Beweis Nach Voraussetzung gilt $\delta_{\mathscr{D}}(a) = 0$ und $\mathscr{D}[a] \in \mathcal{A}(\{z : \operatorname{Re} z > 1\})$. Wir zeigen zuerst das abelsche Theorem (**1**). Es gilt $\zeta(z) \sim 1/(z-1)$ und damit insbesondere

$$\begin{aligned} \mathscr{D}[a](z) - \frac{A}{z-1} &\sim \mathscr{D}[a](z) - A\zeta(z) = \sum_{n=1}^{\infty} \frac{a_n - A}{n^z} \\ &= \sum_{n=1}^{\infty} \left(\sum_{k=1}^{n} (a_k - A) \right) \left(\frac{1}{n^z} - \frac{1}{(n+1)^z} \right) \end{aligned} \tag{3.7.7}$$

mit partieller Summation. Da sich aber nun die Summanden wie $\mathbf{o}(n)\mathbf{O}(n^{-z-1}) = \mathbf{o}(n^{-z})$ verhalten, ergibt die Summe $\mathbf{o}(1/(z-1))$ für $z \searrow 1$. • (**2**) Dies ist der eigentliche Satz von Ikehara, Landau hat die Aussage nur unter stärkeren Voraussetzungen zeigen können. Er kann auf Satz 3.3.6 zurückgeführt werden, es gilt mit $A(t) = \sum_{n \leq t} a_n$

$$\frac{1}{z}\mathscr{D}[a](z) = \int_1^{\infty} t^{-z} A(t) \frac{\mathrm{d}t}{t} = \int_0^{\infty} \mathrm{e}^{-zs} A(\mathrm{e}^s)\,\mathrm{d}s \tag{3.7.8}$$

als Laplacetransformierte der Funktion $s \mapsto A(\mathrm{e}^s)$. Die Funktion ist monoton, also gilt

$$\lim_{s\to\infty} A(\mathrm{e}^s)\mathrm{e}^{-s} = \lim_{t\to\infty} \frac{1}{t} A(t) = \lim_{n\to\infty} \frac{1}{n} \sum_{k \leq n} a_k = A \tag{3.7.9}$$

und damit die Behauptung. □

Aufgrund der Eulerschen Produktdarstellung (Beispiel 3.5.7) besitzt die ζ-Funktion keine Nullstellen in der Halbebene $\operatorname{Re} z > 1$. Dass sie ebenso keine Nullstellen auf der Linie $\operatorname{Re} z = 1$ besitzt, wurde von Hadamard[19] gezeigt.

3.7.2 Lemma (Hadamard). *Es gilt* $\zeta(z) \neq 0$ *für alle* $z \neq 1$ *mit* $\operatorname{Re} z = 1$.

[19] Jacques Hadamard, 1865–1963.

Beweis Angenommen, die ζ-Funktion besitzt Nullstellen der Ordnung $\mu \geq 0$ in $z = 1 + \mathrm{i}\alpha$ und $\nu \geq 0$ in $z = 1 + 2\mathrm{i}\alpha$ für ein $\alpha \neq 0$. Dabei sei eine Nullstelle der Ordnung Null einfach keine Nullstelle. Da

$$-\frac{\zeta'(z)}{\zeta(z)} = \sum_{p\,\mathrm{prim}} \frac{\ln p}{p^z - 1} = \sum_{p\,\mathrm{prim}} \frac{\ln p}{p^z} + \sum_{p\,\mathrm{prim}} \frac{\ln p}{p^z(p^z - 1)} \tag{3.7.10}$$

gilt und die zweite Reihe für alle $\mathrm{Re}\, z > 1/2$ absolut und lokal gleichmäßig konvergiert, besitzt auch die erste Reihe einen Pol erster Ordnung in $z = 1$ und $z = 1 \pm \mathrm{i}\alpha$ sowie $1 \pm 2\mathrm{i}\alpha$. Wir bezeichnen die erste Reihe kurz mit $\Phi(z)$ und nutzen die Residuen

$$\begin{aligned} &\lim_{\varepsilon\to 0} \varepsilon\Phi(1+\varepsilon) = 1, \\ &\lim_{\varepsilon\to 0} \varepsilon\Phi(1+\varepsilon \pm \mathrm{i}\alpha) = -\mu, \\ &\lim_{\varepsilon\to 0} \varepsilon\Phi(1+\varepsilon \pm 2\mathrm{i}\alpha) = -\nu. \end{aligned} \tag{3.7.11}$$

Dann gilt

$$\sum_{k=-2}^{2} \binom{4}{2+k} \Phi(1+\varepsilon+\mathrm{i}k\alpha) = \sum_{p\,\mathrm{prim}} \frac{\ln p}{p^{1+\varepsilon}} \left(p^{\mathrm{i}\alpha/2} + p^{-\mathrm{i}\alpha/2}\right)^4 \geq 0 \tag{3.7.12}$$

und es folgt nach Multiplikation mit ε und Grenzübergang $\varepsilon \to 0$, dass $6 - 8\mu - 2\nu \geq 0$ gelten muss. Also ist $\mu = 0$ und es gibt keine (echten) Nullstellen. □

3.7.3 Satz (Primzahlsatz). *Es gilt*

$$\pi(n) = \#\{p \text{ prim} : p \leq n\} \sim \frac{n}{\ln n}, \qquad n \to \infty. \tag{3.7.13}$$

Beweis Wir nutzen den tauberschen Satz von Ikehara für die von Mangoldt-Funktion $\Lambda(n)$ und ihre Dirichletreihe $F(z) = \mathscr{D}[\Lambda](z) = -\zeta'(z)/\zeta(z)$. Da die ζ-Funktion meromorph auf $\mathbb{C}$ mit einem Pol in $z = 1$ und nullstellenfrei auf der Linie $\mathrm{Re}\, z = 1$ ist, besitzt F einen Pol in $z = 1$ mit Residuum 1 und keine weiteren Pole auf der Linie $\mathrm{Re}\, z = 1$. Also gilt mit Satz 3.7.1 (2)

$$1 = \lim_{n\to\infty} \frac{1}{n} \sum_{k=1}^{n} \Lambda(k) \leq \liminf_{n\to\infty} \frac{1}{n} \sum_{p\,\mathrm{prim},\ p\leq n} \frac{\ln n}{\ln p} \ln p = \liminf_{n\to\infty} \frac{\ln n}{n} \pi(n). \tag{3.7.14}$$

Dies liefert die untere Schranke $n \in \mathbf{O}(\pi(n) \ln n)$. Andererseits gilt aber für beliebiges $\varepsilon > 0$

$$\begin{aligned} \sum_{k=1}^{n} \Lambda(k) &\geq \sum_{p\,\mathrm{prim},\ p\leq n} \ln p \geq \sum_{n^{1-\varepsilon}\leq p\leq n} \ln p \geq \ln(n^{1-\varepsilon}) \sum_{n^{1-\varepsilon}\leq p\leq n} 1 \\ &\geq \ln(n^{1-\varepsilon}) \left(\pi(n) - \pi(n^{1-\varepsilon})\right) \in (1-\varepsilon)\ln(n)\pi(n) + \mathbf{O}(n^{1-\varepsilon}) \end{aligned} \tag{3.7.15}$$

Tab. 3.2 Zusammenfassung verschiedener (Integral-) Transformationen

	Transformation	**Faltung**	**Rücktransformation**
Folgen $a : \mathbb{N}_0 \to \mathbb{C}$	Erzeugendenfunktion $\mathscr{G}_a(z) = \sum_{n=0}^{\infty} a_n z^n$ für $\lvert z\rvert < \rho(a)$	Cauchyprodukt $(a \bullet b)_n = \sum_{n=k+\ell} a_k b_\ell$	Cauchyintegral $a_n = \frac{1}{2\pi \mathrm{i}} \oint_{\lvert z\rvert=\gamma} \frac{\mathscr{G}_a(z)}{z^{n+1}}\,\mathrm{d}z$ mit $0 < \gamma < \rho(a)$
Funktionen $f : [0, \infty) \to \mathbb{C}$	Laplacetransformation $\mathscr{L}[f](z) = \int_0^{\infty} \mathrm{e}^{-zt} f(t)\,\mathrm{d}t$ für $\operatorname{Re} z > \delta_{\mathscr{L}}(f)$	Laplacefaltung $(f \star g)(t) = \int_0^t f(t-s) g(s)\,\mathrm{d}s$	Bromwich-Integral $f(t) = \frac{1}{2\pi \mathrm{i}}\,\text{v.p.} \int_{\gamma-\mathrm{i}\infty}^{\gamma+\mathrm{i}\infty} \mathrm{e}^{zt} \mathscr{L}[f](z)\,\mathrm{d}z$ mit $\gamma > \delta_{\mathscr{L}}(f)$
Funktionen $f : [1, \infty) \to \mathbb{C}$	Mellintransformation $\mathscr{M}_+[f](z) = \int_1^{\infty} t^{-z} f(t) \frac{\mathrm{d}t}{t}$ für $\operatorname{Re} z > \delta_{\mathscr{M}}(f)$	Mellinfaltung $(f \circledast_+ g)(t) = \int_1^t f\left(\frac{t}{s}\right) g(s) \frac{\mathrm{d}s}{s}$	Mellin-Integral $f(t) = \frac{1}{2\pi \mathrm{i}}\,\text{v.p.} \int_{\gamma-\mathrm{i}\infty}^{\gamma+\mathrm{i}\infty} t^z \mathscr{M}_+[f](z)\,\mathrm{d}z$ mit $\gamma > \delta_{\mathscr{M}}(f)$
Folgen $a : \mathbb{N} \to \mathbb{C}$	Dirichletreihe $\mathscr{D}[a](z) = \sum_{n=1}^{\infty} \frac{a_n}{n^z}$ für $\operatorname{Re} z > \delta_{\mathscr{D}}(a) + 1$	Dirichletfaltung $(a * b)_n = \sum_{n=k\ell} a_k b_\ell$	Perron-Integral $\sum_{n<t} a_n = \frac{1}{2\pi \mathrm{i}}\,\text{v.p.} \int_{\gamma-\mathrm{i}\infty}^{\gamma+\mathrm{i}\infty} t^z \mathscr{D}[a](z) \frac{\mathrm{d}z}{z}$ für $t \notin \mathbb{N}$ und mit $\gamma > \max\{\delta_{\mathscr{D}}(a) + 1, 0\}$

und damit auch die obere Schranke

$$(1-\varepsilon) \limsup_{n\to\infty} \frac{\ln n}{n} \pi(n) \leq \lim_{n\to\infty} \frac{1}{n} \sum_{k=1}^{n} \Lambda(k) = 1. \tag{3.7.16}$$

Da $\varepsilon > 0$ beliebig war, ist der Satz bewiesen (Tab. 3.2). □

Analytische Störungstheorie

4

In diesem letzten Kapitel soll es darum gehen, wie man aus explizit lösbaren Beispielproblemen asymptotische Resultate für (in gewissem Sinne) benachbarte Probleme erhalten kann. Uns interessieren algebraische Gleichungen und die Änderung ihrer Lösungen bei Variation der Koeffizienten, Eigenwertprobleme für Matrizen und die Abhängigkeit der Eigenwerte und Eigenprojektoren von der Matrix, sowie Differentialgleichungen mit variablen Koeffizienten und asymptotische Entwicklungen von Lösungen in der Nähe singulärer Punkte.

4.1 Nullstellen von Polynomen

4.1.1 Wir betrachten als Modellsituation eine Polynomgleichungen in einer Unbekannten λ

$$\sum_{n=0}^{m} \alpha_n(z)\lambda^n = 0 \tag{4.1.1}$$

deren Koeffizienten selbst holomorphe Funktionen $\alpha_n \in \mathcal{A}(\Omega)$ auf einem Gebiet $\Omega \subset \mathbb{C}$ sind. Uns interessiert die Abhängigkeit der Nullstellen $\lambda_k(z)$, $k = 1, \dots, m$, von der Variablen $z \in \Omega$. Wir nehmen vorerst an, dass $\alpha_m(z) = 1$ für alle $z \in \Omega$. Ein erstes Resultat ergibt sich dann direkt aus dem Satz über implizite Funktionen (in seiner komplexen Fassung)

Lemma *Angenommen, für ein $z_0 \in \Omega$ ist $\lambda_*(z_0)$ eine einfache Nullstelle des monischen Polynoms*

$$p(z_0, \lambda) = \sum_{n=0}^{m} \alpha_n(z_0)\lambda^n. \tag{4.1.2}$$

J. Wirth, *Asymptotische Analysis*,
https://doi.org/10.1007/978-3-662-73343-1_4

Dann existiert eine Umgebung $U \subset \Omega$ von z_0 und eine holomorphe Funktion $\lambda_* : U \to \mathbb{C}$ mit

$$p(z, \lambda_*(z)) = 0 \quad \text{für alle } z \in U. \tag{4.1.3}$$

Beweis Seien $\lambda_1(z_0), \ldots, \lambda_m(z_0) \in \mathbb{C}$ die komplexen Nullstellen des Polynoms $p(z_0, \cdot)$. Da dann

$$\partial_\lambda p(z_0, \lambda) = \partial_\lambda \prod_{k=1}^{m} (\lambda - \lambda_k(z_0)) = \sum_{\ell=1}^{m} \prod_{k \neq \ell} (\lambda - \lambda_k(z_0)) \tag{4.1.4}$$

nach Voraussetzung für $\lambda_*(z_0) = \lambda_\ell(z_0)$

$$\partial_\lambda p(z_0, \lambda)\Big|_{\lambda = \lambda_*(z_0)} = \prod_{k \neq \ell} (\lambda_\ell(z_0) - \lambda_k(z_0)) \neq 0 \tag{4.1.5}$$

von Null verschieden ist, existiert nach dem Satz über die implizite Funktion eine Umgebung U von z_0 und eine holomorphe auflösende Funktion der Gleichung $p(z, \lambda_*(z)) = 0$ in dieser Umgebung U.

Will man die auflösende Funktion in der Nähe von z_0 bestimmen, so hilft ein Potenzreihenansatz und Koeffizientenvergleich. Es interessieren also nur Umgebungen mehrfacher Nullstellen oder Punkte, an welchen der führende Koeffizient selbst eine Nullstelle besitzt. Dazu zerlegen wir zuerst das Polynom in irreduzible Faktoren im Polynomring $\mathcal{M}(\Omega)[\lambda]$ über dem Quotientenkörper $\mathcal{M}(\Omega)$ von $\mathcal{A}(\Omega)$. Zu einem Polynom $p \in \mathcal{M}(\Omega)[\lambda]$ sei $\Omega_p \subset \Omega$ die Menge aller $z \in \Omega$ in denen die Koeffizienten von p regulär sind.

4.1.2 Lemma

(1) Angenommen, $p, q \in \mathcal{M}(\Omega)[\lambda]$ sind teilerfremd. Dann ist die Menge

$$\{z \in \Omega_p \cap \Omega_q \;:\; \exists \lambda \in \mathbb{C} \quad p(z, \lambda) = q(z, \lambda) = 0\} \subset \Omega \tag{4.1.6}$$

diskret.

(2) Ist $p \in \mathcal{M}(\Omega)[\lambda]$ irreduzibel, so besitzt $p(z, \cdot)$ bis auf eine (höchstens) diskrete Ausnahmemenge nur einfache Nullstellen in Ω_p.

Beweis **(1)** folgt aus dem erweiterten Euklidischen Algorithmus im Ring $\mathcal{M}(\Omega)[z]$. Dieser liefert mit Polynomen $r(z, \lambda)$ und $s(z, \lambda)$ die Bezout-Darstellung

$$1 = \mathrm{ggT}(p, q)(z, \lambda) = p(z, \lambda) r(z, \lambda) + q(z, \lambda) s(z, \lambda) \tag{4.1.7}$$

und gemeinsame Nullstellen von $p(z, \cdot)$ und $q(z, \cdot)$ können damit nur in den Polstellen von $r(\cdot, \lambda)$ und $s(\cdot, \lambda)$, also in Polstellen der Koeffizienten der Polynome r

oder s auftreten. Diese sind aber für meromorphe Funktionen diskret, besitzen also höchstens auf dem Gebietsrand $\partial\Omega$ Häufungspunkte. • **(2)** folgt direkt aus **(1)**. Ist λ mehrfache Nullstelle von $p(z,\lambda)$, so gilt $\partial_\lambda p(z,\lambda) = 0$. Da aber $\partial_\lambda(z,\lambda)$ kleineren Grad als $p(z,\lambda)$ besitzt und $p(z,\lambda)$ irreduzibel ist, müssen die beiden Polynome teilferfremd sein und die Behauptung folgt. □

4.1.3 Korollar *Sei $p \in \mathcal{M}(\Omega)[\lambda]$ beliebig. Dann existiert eine diskrete Menge von Ausnahmepunkten $S \subset \Omega_p$, so dass die Vielfachheiten aller Nullstellen von $p(z,\lambda)$ auf $\Omega_p \setminus S$ konstant sind. Entweder gilt*

(i) alle Nullstellen $\lambda_j(z)$ von $p(z,\lambda)$ sind einfach für alle $z \in \Omega_p \setminus S$; oder
(ii) es gibt Tupel von Nullstellen, welche auf ganz $\Omega_p \setminus S$ zusammenfallen.

Den ersten Fall bezeichnen wir als nichtentartet, den zweiten als permanent entartet.

Beweis Die Aussage folgt durch Zerlegen des Polynoms in irreduzible Faktoren nach Division durch den führenden Koeffizienten. Der Fall **(i)** entspricht einfach vorkommenden irreduziblen Faktoren, während im Fall **(ii)** mindestens ein irreduzibler Faktor doppelt vorkommt. □

4.1.4 Beispiel

(a) Wir betrachten ein (triviales) Beispiel. Gegeben sei das Polynom

$$p(z,\lambda) = \lambda^2 - z \tag{4.1.8}$$

für $z \in \mathbb{C}$. Das Polynom ist irreduzibel in $\mathcal{M}(\mathbb{C})[\lambda]$ und seine Nullstellen sind auf $\mathbb{C} \setminus \{0\}$ einfach, die Ausnahmemenge also $S = \{0\}$. Die Nullstellen $\lambda_\pm(z) = \pm\sqrt{z}$ leben auf einer Riemannschen Fläche über $\mathbb{C} \setminus \{0\}$ und bilden dort die beiden Zweige der holomorphen Wurzelfunktion.

(b) Andererseits ist das Polynom

$$q(z,\lambda) = \lambda^2 - z^2 = (\lambda + z)(\lambda - z) \tag{4.1.9}$$

reduzibel. Hier gilt ebenso $S = \{0\}$, die Nullstellen sind aber holomorph auf ganz $\mathbb{C}$.

(c) Um ein nichttriviales Beispiel zu untersuchen, betrachten wir das Polynom

$$p(z,\lambda) = \lambda^3 + z\lambda + z^2. \tag{4.1.10}$$

Für dieses Polynom ergibt sich mit

$$\partial_\lambda p(z,\lambda) = 3\lambda^2 + z \tag{4.1.11}$$

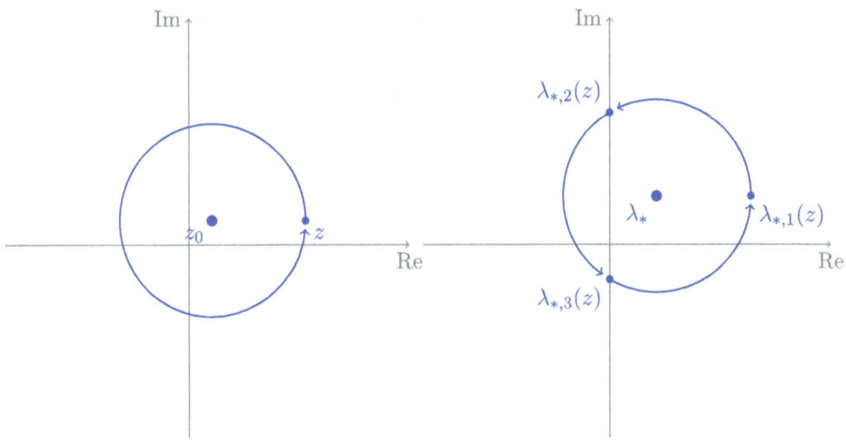

Abb. 4.1 Umlauf um einen Ausnahmepunkt der z-Ebene und die Permutation der zugehörigen λ-Gruppe in der λ-Ebene

durch Anwendung des erweiterten Euklidischen Algorithmus

$$\begin{aligned} 3(\lambda^3 + z\lambda + z^2) - \lambda(3\lambda^2 + z) &= 2\lambda z + 3z^2 \\ 2z(3\lambda^2 + z) - 3\lambda(2\lambda z + 3z^2) &= 2z^2 - 9\lambda z^2 \\ 9z(2\lambda z + 3z^2) + 2(2z^2 - 9\lambda z^2) &= 27z^3 + 4z^2 \end{aligned} \tag{4.1.12}$$

die Bezout-Darstellung

$$27z^3 + 4z^2 = (27z - 18\lambda)p(z, \lambda) - (5z\lambda + 6\lambda^2)\partial_\lambda p(z, \lambda). \tag{4.1.13}$$

Das Polynom $p(z, \lambda)$ ist irreduzibel und seine Ausnahmepunkte sind höchstens durch die Nullstellen von $27z^3 + 4z^2$, also durch $z = 0$ und $z = -4/27$ gegeben. Auf $\widehat{\mathbb{C}} = \mathbb{C} \cup \{\infty\}$ ist der unendlich ferne Punkt $z = \infty$ ebenso als Ausnahmepunkt zu verstehen, dies werden wir in Beispiel 4.1.6 noch genauer diskutieren.

In der Umgebung von Ausnahmepunkten $z_0 \in S$ besitzen Nullstellen des Polynoms $p(z, \lambda)$ ebenso eine einfache Struktur. Wir betrachten dazu das Verhalten einer Nullstelle bei holomorpher Fortsetzung entlang einer geschlossenen Kurve um den Ausnahmepunkt z_0.

4.1.5 Satz (Puiseux[1]) *Sei $p \in \mathcal{M}(\Omega)[\lambda]$ monisch und irreduzibel und $z_0 \in \Omega_p$ eine Ausnahmestelle, in der $p(z_0, \lambda)$ eine k-fache Nullstelle λ_* besitzt. Dann existiert eine*

[1] Victor Puiseux, 1820–1883.

Umgebung $U \subset \Omega_p$, eine Zerlegung $k = k_1 + \cdots + k_\nu$ und Folgen von Koeffizienten $\beta_{i,\ell} \in \mathbb{C}$, so dass für $i = 1, \ldots, \nu$

$$\lambda_{*,j}(z) = \lambda_* + \sum_{\ell=1}^{\infty} \beta_{i,\ell} \left(\sqrt[k_i]{z - z_0} \right)^{\ell}, \qquad \sum_{\iota<i} k_\iota \leq j \leq \sum_{\iota \leq i} k_\iota \tag{4.1.14}$$

für $z \in U \setminus \{z_0\}$ konvergiert und auf der Riemannschen Fläche der Wurzelfunktion k_i verschiedene Nullstellen von $p(z, \lambda)$ liefert.

Beweis Als Konsequenz des Satzes von Rouché sind die Nullstellen eines Polynoms stetige Funktionen der Koeffizienten des Polynoms. Da p irreduzibel ist, existieren also für eine hinreichend kleine Umgebungen U von z_0 auch genau k (für $z \neq z_0$ einfache) Nullstellen $\lambda_{*,j}(z)$ mit

$$\lim_{z \to z_0} \lambda_{*,j}(z) = \lambda_*. \tag{4.1.15}$$

Wir betrachten die Menge dieser Nullstellen. Da diese stetig von z abhängen, bleibt die Gesamtheit bei einem geschlossenen Umlauf von z_0 erhalten. Jedoch kann sich die Nummerierung der $\lambda_{*,j}$ ändern. Es existiert also eine Permutation $\sigma \in \mathbf{S}_k$ mit

$$\lambda_{*,j}(z) \rightsquigarrow \lambda_{*,\sigma(j)}(z), \qquad j = 1, \ldots, k \tag{4.1.16}$$

bei einem Umlauf von z um z_0. Wir zerlegen diese Permutation in Zykel und betrachten die zugehörigen Nullstellen einzeln. Seien diese wiederum mit $\lambda_{*,1}(z)$ bis $\lambda_{*,k}(z)$ (möglicherweise mit kleinerem k) bezeichnet. Subsituiert man nun $z - z_0 = \zeta^k$, so läuft z bei einem Umlauf von ζ um den Ursprung jeweils k-fach um den Ursprung und die $\lambda_{*,j}$ gehen jeweils in sich über. Da damit aber die Funktionen $\zeta \mapsto \lambda_{*,j}(z_0 + \zeta^k)$ auf einer punktierten Umgebung des Ursprungs beschränkt und holomorph sind, sind sie im Ursprung selbst holomorph und es gilt

$$\lambda_{*,j}(z_0 + \zeta^k) = \lambda_* + \sum_{\ell=1}^{\infty} \beta_\ell \zeta^\ell \tag{4.1.17}$$

als konvergente Reihe mit entsprechenden Koeffizienten $\beta_\ell \in \mathbb{C}$. Das ist aber gerade die zu zeigende Behauptung. □

In Abb. 4.1 sind z- und λ-Ebene bei einem entsprechenden Dreierzyklus schematisch dargestellt. Wir nutzen später nur die z-Ebene und betrachten zu jedem Punkt der z-Ebene das zugehörige Phasenportrait des Polynoms $p(z, \cdot)$, aus dem die Nullstellen und basierend auf ihrer stetigen Abhängigkeit vom Polynom auch ihre Zuordnung gut ablesbar sind.

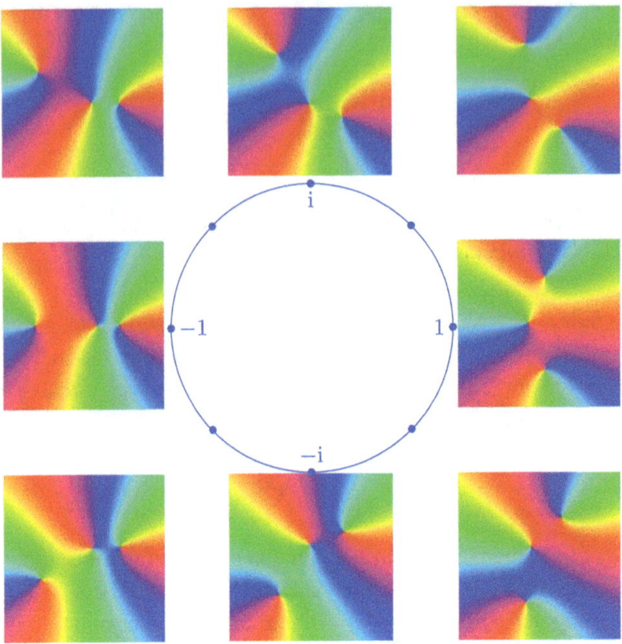

Abb. 4.2 Dargestellt sind die Polynome $\lambda^3 + z\lambda + z^2$ für Parameter $z = \frac{2}{27}e^{2\pi i \frac{k}{8}}$, $k = 0, \ldots, 7$. Zwei der Nullstellen permutieren als 2-Zykel bei einem Umlauf in der z-Ebene

4.1.6 Beispiel Wir kommen auf Beispiel 4.1.4(c) mit $p(z, \lambda) = \lambda^3 + z\lambda + z^2$ und seinen Ausnahmepunkten $S = \{0, -4/27, \infty\} \subset \widehat{\mathbb{C}}$ zurück.

In Abb. 4.2 ist die Änderung des Polynoms bei einem Umlauf um den Ausnahmepunkt $z_0 = 0$ entlang eines Kreises vom Radius $2/27$ dargestellt. Wie man aus der Abbildung ablesen kann, zerfallen die drei Nullstellen in der Umgebung von z_0 in zwei Gruppen. Eine der Nullstellen gehört zu einem in $z_0 = 0$ holomorphen Zweig, die beiden anderen bilden zusammen eine λ-Gruppe und besitzen damit eine Darstellung als Puiseuxreihe.

Im Ausnahmepunkt $z_0 = -4/27$ zeigt eine entsprechende Abbildung, dass eine der Nullstellen aus der Gruppe mit der in $z_0 = 0$ holomorphen Nullstelle permutiert wird und bei einem Umlauf um den unendlich fernen Punkt $z_0 = \infty$ bilden alle drei Nullstellen einen Dreierzyklus. Abb. 4.3 zeigt alle drei genannten Permutationen.

4.1.7 Satz *Sei* $p \in \mathcal{M}(\Omega)[\lambda]$ *monisch und irreduzibel vom Grad* m *und* z_0 *Polstelle eines Koeffizienten von* p*. Sei* $\nu = \max\{\operatorname{ord}(a_k; z_0)\}$ *die maximale Ordnung der Pole in* z_0 *und weiter* $n = \max\{k : \operatorname{ord}(a_k; z_0) = \nu\}$*. Dann gibt es eine Umgebung* $U \subset \Omega_p \cup \{z_0\}$ *von* z_0 *und für* $z \in U$ *existieren*

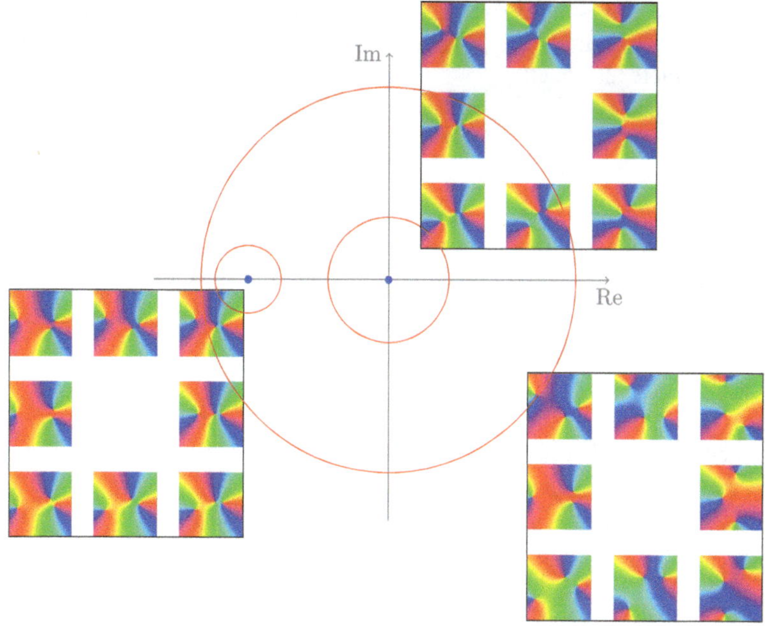

Abb. 4.3 Umläufe um die Ausnahmepunkte 0, $-4/27$ und ∞ für das Polynom $p(z,\lambda) = \lambda^3 + z\lambda + z^2$

(i) *genau n Nullstellen $\lambda_1(z), \dots \lambda_n(z)$, die für $z \to z_0$ gegen einen endlichen Grenzwert streben und somit Darstellungen als Potenzreihe oder Puiseuxreihe besitzen; und*

(ii) *weitere $m - n$ Nullstellen $\lambda_{n+1}(z), \dots \lambda_m$, die für $z \to z_0$ gegen ∞ streben und*

$$\frac{1}{\lambda_j(z)} \in \mathbf{O}\left(|z - z_0|^{\frac{1}{m-n}}\right) \tag{4.1.18}$$

erfüllen. Die Funktionen $1/\lambda_j(z)$ besitzen wiederum Darstellungen als Potenz- oder Puiseuxreihen.

Beweis **(i)** Nach Multiplikation des Polynoms mit $(z - z_0)^\nu$ ergibt sich in einer Umgebung U des Punktes z_0

$$(z - z_0)^\nu p(z,\lambda) = \beta_n q(z,\lambda) + (z - z_0) r(z,\lambda) \tag{4.1.19}$$

mit einem monischen Polynom $q \in \mathcal{A}(U)[\lambda]$ vom Grad $\deg q = n$, $\beta_n \neq 0$ und einem weiteren Polynom $r \in \mathcal{A}(U)[\lambda]$ vom Grad $\deg r = m$. Wir wählen U so klein, dass z_0 der einzige Ausnahmepunkt dieses Polynoms in U ist. Seien nun $\mu_1(z), \dots, \mu_n(z)$ die Lösungen zu $q(z,\mu) = 0$. Diese sind holomorph für $z \neq z_0$ mit möglichen Verzweigungspunkten in $z = z_0$ und insbesondere einfach.

Mit dem Satz von Rouché angewandt in der λ-Ebene folgt nun, dass für z nahe genug an z_0 in der Nähe jedes $\mu_j(z)$ eine Nullstelle $\lambda_j(z)$ des Polynoms $p(z, \lambda)$ liegt, insbesondere also auch

$$\lim_{z \to z_0} \lambda_j(z) = \lim_{z \to z_0} \mu_j(z) = \mu_j(z_0) \tag{4.1.20}$$

gilt. Damit besitzt jedes dieser $\lambda_j(z)$ eine Darstellung als Potenz- oder Puiseuxreihe um z_0.

(ii) Wir substituieren $\lambda = \sigma^{-1}$ und erhalten nach Multiplikation mit σ^m das neue Polynom

$$\sigma^m p(z, \sigma^{-1}) = \sum_{k=0}^{m} \alpha_k(z) \sigma^{m-k}. \tag{4.1.21}$$

Nach erneuter Multiplikation mit $(z - z_0)^\nu$ entsteht daraus

$$(z - z_0)^\nu \sigma^m p(z, \sigma^{-1}) = \sigma^{m-n} \beta_n \tilde{q}(z, \sigma) + (z - z_0) \tilde{r}(z, \sigma) \tag{4.1.22}$$

mit einem Polynom $\tilde{q}(z, \sigma) = \sigma^n q(z, \sigma^{-1})$ vom Grad n und mit $\tilde{q}(z_0, 0) = 1$, sowie einem Polynom $\tilde{r}(z, \sigma) = \sigma^m r(z, \sigma^{-1})$ vom Grad m. Damit hat der erste Summand in $\sigma = 0$ eine Nullstelle der Ordnung $m - n$, während der zweite wiederum klein wird. Wir wählen eine kleine Umgebung U von z_0 und ein $\varepsilon > 0$, so dass $|\tilde{q}(z, \sigma)| > 1/2$ auf U und für $|\sigma| < \varepsilon$. Wählt man nun U klein genug, also $|z - z_0| \leq C\varepsilon^{m-n}$ für hinreichend kleines C, so implizert wiederum der Satz von Rouché die Existenz von $m - n$ Nullstellen $\sigma_j(z)$ von $\sigma^m p(z, \sigma^{-1})$ mit $|\sigma_j(z)| \leq \varepsilon$. Damit besitzen diese $\sigma_j(z)$ eine Darstellung als Potenz- oder Puiseuxreihe im Entwicklungspunkt z_0. □

4.2 Matrixwertige Funktionen

4.2.1 Sei nun $A : \Omega \to \mathbb{C}^{m \times m}$ matrixwertig und holomorph, das heißt alle Matrixeinträge seien holomorphe Funktionen. Wir interessieren uns für die Eigenwerte und die zugehörigen Eigenunterräume in Abhängigkeit von $z \in \Omega$. Da die Eigenwerte Nullstellen des charakteristischen Polynoms

$$p(z, \lambda) = \det(\lambda - A(z)) \tag{4.2.1}$$

sind, ist alles was wir bisher über Nullstellen von Polynomen mit holomorphen Koeffizienten gezeigt haben, anwendbar:

Das Polynom ist nach Konstruktion monisch und zerfällt wieder in irreduzible Faktoren im Polynomring $\mathcal{M}(\Omega)[\lambda]$. Jeder Faktor besitzt bis auf eine diskrete Ausnahmemenge nur einfache Eigenwerte, und in den Punkten der Ausnahmemenge fallen entweder holomorphe Funktionen zusammen oder es ergeben sich Puiseuxreihen für entsprechende λ-Gruppen von Eigenwerten.

4.2.2 Beispiel Zuerst einige Beispiele um zu zeigen, das alle oben aufgeführten Fälle für 2×2-Matrizen schon auftreten können.

(a) $A(z) = \begin{bmatrix} 1 & z \\ z & -1 \end{bmatrix}$, $\lambda_\pm(z) = \pm\sqrt{1+z^2}$ für $z \neq \pm \mathrm{i}$ (zweiblättrig)

(b) $A(z) = \begin{bmatrix} 0 & z \\ z & 0 \end{bmatrix}$, $\lambda_\pm(z) = \pm z$ (zwei Funktionen)

(c) $A(z) = \begin{bmatrix} 0 & z \\ 0 & 0 \end{bmatrix}$, $\lambda_1(z) = 0 = \lambda_2(z)$ (permanent entartet)

(d) $A(z) = \begin{bmatrix} 0 & 1 \\ z & 0 \end{bmatrix}$, $\lambda_\pm(z) = \pm\sqrt{z}$ für$z \neq 0$ (zweiblättrig)

(e) $A(z) = \begin{bmatrix} 1 & z \\ 0 & 0 \end{bmatrix}$, $\lambda_1(z) = 0,\ \lambda_2(z) = 1$ (zwei Konstanten)

Für die Untersuchung der Eigenunterräume und der verallgemeinerten Eigenunterräume betrachten wir zu einer gegebenen holomorphen matrixwertigen Funktion $A : \Omega \to \mathbb{C}^{m \times m}$ die *Resolvente*

$$R_A(z, \lambda) = (\lambda - A(z))^{-1}. \tag{4.2.2}$$

4.2.3 Lemma *Die Resolvente $R_A(z, \lambda)$ ist holomorph in beiden Variablen für $z \in \Omega$ und $\lambda \in \mathbb{C} \setminus \operatorname{spec} A(z)$.*

Beweis Die Aussage folgt aus der Darstellung der Resolvente als Neumannreihe. Für $z \in \Omega$ und $|\lambda| > \|A(z)\|$ gilt

$$R_A(z, \lambda) = \lambda^{-1}\big(1 - \lambda^{-1}A(z)\big)^{-1} = \lambda^{-1}\sum_{k=0}^{\infty} \lambda^{-k}(A(z))^k \tag{4.2.3}$$

als lokal gleichmäßig konvergente Reihe. In der Nähe von $z_0 \in \Omega$ und $\lambda_0 \in \mathbb{C} \setminus \operatorname{spec}(A(z_0))$ gilt

$$\begin{aligned} R_A(z, \lambda) &= R_A(z_0, \lambda_0)\Big(1 - \big((\lambda_0 - A(z_0)) - (\lambda - A(z))\big)R_A(z_0, \lambda_0)\Big)^{-1} \\ &= R_A(z_0, \lambda_0)\sum_{k=0}^{\infty}\Big(\big((\lambda_0 - A(z_0)) - (\lambda - A(z))\big)R_A(z_0, \lambda_0)\Big)^k \end{aligned} \tag{4.2.4}$$

für alle z und λ mit

$$\|(\lambda_0 - A(z_0)) - (\lambda - A(z))\| < \|R_A(z_0, \lambda_0)\|^{-1}. \tag{4.2.5}$$

Lokal gleichmäßige Konvergenz der Reihe impliziert Holomorphie. □

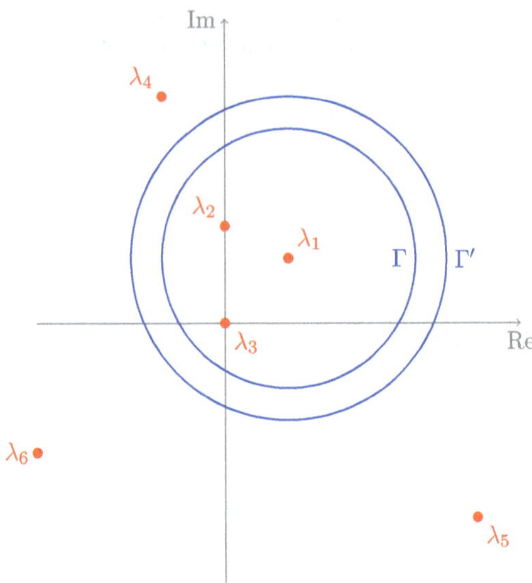

Abb. 4.4 Bild zum Beweis von Lemma 4.2.4

Wir nutzen die Resolvente, um das Verhalten der Eigenprojektoren in der nähe mehrfacher Eigenwerte zu untersuchen. Genauer nutzen wir

4.2.4 Lemma *Sei Γ ein einfacher geschlossener Weg der λ-Ebene, der durch keinen Eigenwert von $A(z)$ verläuft. Dann bestimmt*

$$P_\Gamma(z) = \frac{1}{2\pi \mathrm{i}} \oint_\Gamma R_A(z, \lambda)\, \mathrm{d}\lambda \tag{4.2.6}$$

einen Projektor,

$$P_\Gamma(z)\, P_\Gamma(z) = P_\Gamma(z), \tag{4.2.7}$$

der lokal holomorph von z abhängt.

Beweis Da die Eigenwerte von $A(z)$ stetig von z abhängen existiert um z eine Umgebung U, so dass der (von z unabhängige) Integrationsweg Γ auf der Umgebung keinen Eigenwert von $A(z)$ für $z \in U$ durchläuft. Damit folgt lokale Holomorphie mit dem Satz A.2.4 von Morera. Weiterhin hängt $P_\Gamma(z)$ nur von der Homotopieklasse des Weges Γ ab. Seien nun wie in Abb. 4.4 dargestellt Γ und Γ' homotope nicht durch spec $A(z)$ verlaufende Wege, so dass Γ ganz im Inneren von Γ' liegt. Dann gilt aufgrund der Resolventenidentität

$$R_A(z, \lambda) - R_A(z, \mu) = -(\lambda - \mu) R_A(z, \lambda) R_A(z, \mu) \tag{4.2.8}$$

und unter Ausnutzung des Residuensatzes A.2.8 die Identität

$$
\begin{aligned}
P_\Gamma(z)^2 &= \frac{1}{2\pi\mathrm{i}} \oint_{\Gamma'} R_A(z,\lambda)\,\mathrm{d}\lambda \, \frac{1}{2\pi\mathrm{i}} \oint_{\Gamma} R_A(z,\mu)\,\mathrm{d}\mu \\
&= \frac{1}{4\pi^2} \oint_{\Gamma} \oint_{\Gamma'} \frac{R_A(z,\lambda) - R_A(z,\mu)}{\lambda - \mu}\,\mathrm{d}\lambda\,\mathrm{d}\mu \\
&= \frac{1}{4\pi^2} \oint_{\Gamma'} \underbrace{\oint_{\Gamma} \frac{R_A(z,\lambda)}{\lambda - \mu}\,\mathrm{d}\mu}_{=0}\,\mathrm{d}\lambda - \frac{1}{4\pi^2} \oint_{\Gamma} \underbrace{\oint_{\Gamma'} \frac{R_A(z,\mu)}{\lambda - \mu}\,\mathrm{d}\lambda}_{=2\pi\mathrm{i}\,R_A(z,\mu)}\,\mathrm{d}\mu \qquad (4.2.9) \\
&= \frac{1}{2\pi\mathrm{i}} \oint_{\Gamma} R_A(z,\mu)\,\mathrm{d}\mu = P_\Gamma(z).
\end{aligned}
$$

und damit die zu zeigende Behauptung. □

Es stellt sich die Frage, worauf der Projektor P_Γ projiziert. Wir betrachten vorerst den Spezialfall diagonalisierbarer Matrizen und ignorieren für die nachfolgende Rechnung die z-Abhängigkeit. Ist die Matrix A diagonalisierbar, so existiert

(1) eine Kurve Γ, die nur ein λ_* aus dem Sprektrum spec A einmal positiv umläuft;
(2) eine Basis $\{v_j\}$ bestehend aus Eigenvektoren aus A;
(3) eine dazu duale Basis $\{\phi_j\}$, so dass für jeden Vektor $v \in \mathbb{C}^m$

$$
v = \sum_{j=1}^{m} \langle \phi_j, v \rangle v_j \qquad (4.2.10)
$$

gilt.

Dann projiziert P_Γ auf die lineare Hülle der v_j, die zum Eigenwert λ_* gehören. Das ist leicht nachzurechnen, es gilt

$$
\begin{aligned}
\langle \phi_i, P_\Gamma v_j \rangle &= \left\langle \phi_i, \frac{1}{2\pi\mathrm{i}} \oint_{\Gamma} R_A(\lambda)\,\mathrm{d}\lambda\, v_j \right\rangle = \frac{1}{2\pi\mathrm{i}} \oint_{\Gamma} \langle \phi_i, R_A(\lambda) v_j \rangle\,\mathrm{d}\lambda \\
&= \frac{1}{2\pi\mathrm{i}} \oint_{\Gamma} \frac{\langle \phi_i, v_j \rangle}{\lambda - \lambda_j}\,\mathrm{d}\lambda = \frac{1}{2\pi\mathrm{i}} \oint_{\Gamma} \frac{\delta_{i,j}}{\lambda - \lambda_j}\,\mathrm{d}\lambda \qquad (4.2.11) \\
&= \begin{cases} 0, & i \neq j, \\ 0, & i = j, \quad \lambda_j \neq \lambda_*, \\ 1, & i = j, \quad \lambda_j = \lambda_*, \end{cases}
\end{aligned}
$$

unter Ausnutzung von $R_A(\lambda) v_j = \frac{1}{\lambda - \lambda_j} v_j$ und der Dualitätsrelation $\langle \phi_i, v_j \rangle = \delta_{i,j}$. Der letzte Schritt folgt, da im ersten Fall Null integriert wird, im zweiten Fall die Singularität des Integranden außerhalb des Weges Γ liegt und im dritten Fall der

Residuensatz A.2.8 anwendbar ist. Damit haben wir gezeigt, dass neben $P_\Gamma^2 = P_\Gamma$ insbesondere

$$\ker P_\Gamma = \operatorname{span}\{v_j \,:\, \lambda_j \neq \lambda_*\}, \qquad \operatorname{ran} P_\Gamma = \operatorname{span}\{v_j \,:\, \lambda_j = \lambda_*\} \tag{4.2.12}$$

gilt. Ebenso folgt

$$P_{\Gamma_1} P_{\Gamma_2} = 0 = P_{\Gamma_2} P_{\Gamma_1} \tag{4.2.13}$$

für Wege Γ_1 und Γ_2 um verschiedene Punkte λ_* und $\tilde{\lambda}_*$ aus spec A. Letzteres erlaubt es, für Wege Γ, die mehrere Punkte des Spektrums umlaufen, die einzelnen Projektoren einfach zu addieren. Damit ist P_Γ für eine diagonalisierbare Matrix also stets der Projektor auf die lineare Hülle der Eigenräume zu im Inneren von Γ liegenden Eigenwerten entlang der Eigenräume zu außerhalb von Γ liegenden Eigenwerten.

Für nicht diagonalisierbare Matrizen liefert P_Γ den Projektor auf die zu den im Inneren von Γ liegenden Eigenwerten gehörenden Jordanblöcken. Dies werden wir nachfolgend noch sehen.

Mit der Integraldarstellung der *Eigenprojektoren* P_Γ kann man Aussagen über das Verhalten der Eigenräume in Abhängigkeit von z treffen. Dazu gilt in der Nähe eines Punktes $z_0 \in \Omega$ unter Verwendung der Reihendarstellung

$$A(z) = \sum_{k=0}^{\infty} A_k (z - z_0)^k \tag{4.2.14}$$

und der Kurzschreibweise

$$R_0(\lambda) = R_A(z_0, \lambda) = \big(\lambda - A_0\big)^{-1} \tag{4.2.15}$$

für die Resolvente im Punkt z_0 die Formel

$$R_A(z, \lambda) = R_0(\lambda)\Big(1 - \big(A(z) - A_0\big) R_0(\lambda)\Big)^{-1}, \tag{4.2.16}$$

die zugeordnete Neumannreihe liefert eine Reihendarstellung der Resolvente im Entwicklungspunkt z_0. Wir fassen die wichtigsten Formeln in einem Satz zusammen.

4.2.5 Satz

(1) Die Resolvente besitzt die Reihendarstellung

$$R_A(z, \lambda) = R_0(\lambda) \sum_{k=0}^{\infty} \big((A(z) - A_0) R_0(\lambda)\big)^k = \sum_{k=0}^{\infty} R^{(k)}(\lambda)\, (z - z_0)^k \tag{4.2.17}$$

mit Koeffizienten

$$R^{(k)}(\lambda) = \sum_{\substack{\nu_1+\nu_2+\ldots+\nu_r=k \\ \nu_j \geq 1}} R_0(\lambda)A_{\nu_1}R_0(\lambda)A_{\nu_2}\cdots A_{\nu_{r-1}}R_0(\lambda)A_{\nu_r}R_0(\lambda). \tag{4.2.18}$$

Diese konvergiert für z mit $\|A(z) - A_0\| < \|R_0(\lambda)\|^{-1}$ lokal gleichmäßig.

(2) Für jeden geschlossenen Weg Γ der λ-Ebene, welcher keinen der Eigenwerte von A_0 durchläuft, ist

$$P(z) = \frac{1}{2\pi \mathrm{i}} \oint_\Gamma R_A(z,\lambda)\,\mathrm{d}\lambda = P + \sum_{k=1}^{\infty} P^{(k)}\,(z - z_0)^k \tag{4.2.19}$$

analytisch um z_0 mit Koeffizienten

$$P^{(k)} := \frac{1}{2\pi \mathrm{i}} \oint_\Gamma R^{(k)}(\lambda)\,\mathrm{d}\lambda. \tag{4.2.20}$$

(3) Ist $\lambda_j(z_0)$ einfacher Eigenwert der Matrix A_0, so ist $P_j(z)$ analytisch in einer Umgebung von z_0.

(4) Ist z_0 ein Ausnahmepunkt, λ_* ein mehrfacher Eigenwert von A_0 und Γ ein Weg, welcher nur λ_* einmal positiv umläuft, so ist der Projektor

$$P(z) = \frac{1}{2\pi \mathrm{i}} \oint_\Gamma R_A(z,\lambda)\,\mathrm{d}\lambda \tag{4.2.21}$$

analytisch um z_0 und es gilt

$$P(z) = \sum_{j=1}^{p} P_j(z) \tag{4.2.22}$$

für $z \neq z_0$ in einer Umgebung von z_0 und die dort holomorphen Eigenprojektoren $P_j(z)$ für alle Eigenwerte $\lambda_j(z)$ mit $\lim_{z\to z_0} \lambda_j(z) = \lambda_*$.

Beweis **(1)** entspricht der Neumannreihe für (4.2.16). Diese ist absolut und lokal gleichmäßig konvergent in z, falls

$$\|\big(A(z) - A_0\big)R_0(\lambda)\| < 1 \tag{4.2.23}$$

gilt. Dies erlaubt insbesondere das Umsortieren der Reihenglieder und das Ordnen nach Potenzen von $z - z_0$. • **(2)** folgt daraus durch gliedweise Integration, vorausgesetzt z ist so nah bei z_0, dass

$$\|A(z) - A_0\| < \max_{\lambda\in\Gamma} \|R_0(\lambda)\|^{-1} \tag{4.2.24}$$

die gleichmäßige Konvergenz der Potenzreihe entlang Γ sichert. Dass das Integral analytisch in z ist, ergibt sich wiederum direkt aus dem Satz A.2.4 von Morera. • **(3), (4)** folgen direkt aus **(2)**. □

4.2.6 Sei nun $z_0 \in \Omega$ ein Ausnahmepunkt, λ_* ein mehrfacher Eigenwert von A_0 und seien $\lambda_1(z), \ldots, \lambda_p(z)$ die Eigenwerte von $A(z)$, welche für $z \to z_0$ gegen λ_* streben. Dann können wir wie bei mehrfachen Polynomnullstellen vorgehen und die Eigenwerte bei Umläufen um z_0 in der z-Ebene verfolgen. Die Eigenwerte setzen sich holomorph fort. Da man diese nicht unterscheiden kann, werden sie in einem Umlauf um z_0 permutiert. Wir zerlegen die Permutation in Zykeln, sind also wieder in der Situation von Abb. 4.1. Angenommen $\lambda_1(z), \ldots, \lambda_p(z)$ bilden einen solchen p-Zyklus

$$\lambda_j(z) \ \rightsquigarrow \ \lambda_{j+1 \bmod p}(z). \tag{4.2.25}$$

Analog zu Abschn. 4.1 folgt, dass

$$\lambda_j(z_0 + \zeta^p) = \sum_{k=0}^{\infty} \beta_k \zeta^k \tag{4.2.26}$$

in einer Umgebung des Ursprungs in ζ holomorph ist, also durch eine konvergente Reihe mit entsprechenden (von j unabhängigen) Koeffizienten $\beta_k \in \mathbb{C}$ dargestellt werden kann. Das liefert die Darstellung der Eigenwerte $\lambda_j(z)$ als Puiseuxreihe

$$\lambda_j(z) = \sum_{k=0}^{\infty} \beta_k \big(\sqrt[p]{z - z_0}\big)^k \tag{4.2.27}$$

auf der Riemannschen Fläche der Wurzelfunktion. Die Eigenprojektoren $P_j(z)$ sind ebenso lokal holomorph in z, man kann also analog vorgehen. Die Projektoren bilden bei einem Umlauf um z_0 den Zyklus

$$P_j(z) \ \rightsquigarrow \ P_{j+1 \bmod p}(z), \tag{4.2.28}$$

die Funktion $P_j(z_0 + \zeta^p)$ ist also holomorph in einem Kreisring um den Ursprung. Damit besitzt diese Funktion die Darstellung

$$P_j(z_0 + \zeta^p) = \sum_{k=-\infty}^{\infty} \tilde{P}^{(k)} \zeta^k \tag{4.2.29}$$

als Laurentreihe und die Projektoren sind wiederum Puiseuxreihen

$$P_j(z) = \sum_{k=-\infty}^{\infty} \tilde{P}^{(k)} \big(\sqrt[p]{z - z_0}\big)^k \tag{4.2.30}$$

mit entsprechenden Matrizen $\tilde{P}^{(k)}$ als Koeffizienten. Tatsächlich sind nur *endlich* viele der negativen Koeffizienten von Null verschieden.

4.2.7 Um die Projektoren P_j für Eigenwerte höherer (algebraischer) Vielfachheit besser zu verstehen, betrachten wir zu einer gegebenen Matrix $A \in \mathbb{C}^{m\times m}$ mit Eigenwert λ_j neben dem Eigenprojektor

$$P_j = \frac{1}{2\pi \mathrm{i}} \oint_{\Gamma_j} R_A(\lambda)\,\mathrm{d}\lambda \tag{4.2.31}$$

für einen (nur) den Eigenwert λ_j positiv umlaufenden Weg Γ_j auch das *Eigennilpotent*[2]

$$D_j = (A - \lambda_j)P_j. \tag{4.2.32}$$

Da A mit P_j kommutiert, kann A auf das Bild ran P_j eingeschränkt werden. Weiter impliziert

$$w = P_j \frac{1}{2\pi \mathrm{i}} \oint_{\Gamma_j} \frac{R_A(\lambda)}{\mu - \lambda} v\,\mathrm{d}\lambda \in \operatorname{ran} P_j \tag{4.2.33}$$

zusammen mit

$$\begin{aligned}
(\mu - A)w = (\mu - A)P_j \frac{1}{2\pi \mathrm{i}} \oint_{\Gamma_j} \frac{R_A(\lambda)}{\mu - \lambda} v\,\mathrm{d}\lambda &= \frac{1}{2\pi \mathrm{i}} \oint_{\Gamma_j} \frac{(\mu - A)R_A(\lambda)}{\mu - \lambda} P_j v\,\mathrm{d}\lambda \\
&= \frac{1}{2\pi \mathrm{i}} \oint_{\Gamma_j} \frac{(\mu - \lambda + \lambda - A)R_A(\lambda)}{\mu - \lambda} P_j v\,\mathrm{d}\lambda \\
&= \frac{1}{2\pi \mathrm{i}} \oint_{\Gamma_j} R_A(\lambda)P_j v d\lambda + \frac{1}{2\pi \mathrm{i}} \oint_{\Gamma_j} \frac{1}{\mu - \lambda} P_j v\,\mathrm{d}\lambda \\
&= P_j^2 v = P_j v
\end{aligned} \tag{4.2.34}$$

für jedes $v \in \mathbb{C}^m$ und μ außerhalb Γ_j schon $\operatorname{spec}(A|_{\operatorname{ran} P_j}) = \{\lambda_j\}$ und somit insbesondere $\operatorname{spec} D_j \subset \operatorname{spec}(D_j|_{\operatorname{ran} P_j}) \cup \{0\} = \{0\}$. Also ist D_j nilpotent und es gilt $D_j^k = (A - \lambda_j)^k P_j = 0$ für $k \geq \dim \operatorname{ran} P_j$.

Damit ergibt sich aus $\sum P_j = 1$ die Jordannormalform der Matrix A als

$$A = \sum_{j=1}^{n} AP_j = \sum_{j=1}^{n} (\lambda_j + D_j)P_j \tag{4.2.35}$$

und daraus in der λ-Ebene eine Partialbruchzerlegung der Resolvente folgender Form:

---

[2] Für Matrizen in Jordanform oder auch nur für Jordanblöcke erklärt sich die Bezeichnung. Es gilt

$$A = \begin{bmatrix} \lambda & 1 & & \\ & \ddots & \ddots & \\ & & \ddots & 1 \\ & & & \lambda \end{bmatrix} \quad \Rightarrow \quad P = I \quad \text{und} \quad D = \begin{bmatrix} 0 & 1 & & \\ & \ddots & \ddots & \\ & & \ddots & 1 \\ & & & 0 \end{bmatrix}.$$

Lemma (Partialbruchzerlegung der Resolvente) *Sei $A \in \mathbb{C}^{m \times m}$. Dann gilt für die Resolvente*

$$R_A(\lambda) = \sum_{j=1}^{n} \left(\frac{P_j}{\lambda - \lambda_j} + \sum_{k=1}^{\nu_j - 1} \frac{D_j^k}{(\lambda - \lambda_j)^{k+1}} \right) \tag{4.2.36}$$

mit den (paarweise verschiedenen) Eigenwerte $\lambda_1, \ldots, \lambda_n$ von A, den zugehörigen Eigenprojektoren P_j und den Eigennilpotenten D_j.

Beweis Es gilt

$$R_A(\lambda) = \sum_{j=1}^{n} R_A(\lambda) P_j \tag{4.2.37}$$

und da auf ran P_j nach obiger Konstruktion $A|_{\operatorname{ran} P_j} = \lambda_j + D_j|_{\operatorname{ran} P_j}$ gilt, folgt für $\lambda \notin \operatorname{spec} A$

$$\begin{aligned}(\lambda - A)^{-1}|_{\operatorname{ran} P_j} &= (\lambda - \lambda_j - D_j|_{\operatorname{ran} P_j})^{-1} = \frac{1}{\lambda - \lambda_j} \left(1 - \frac{D_j|_{\operatorname{ran} P_j}}{\lambda - \lambda_j} \right)^{-1} \\ &= \frac{1}{\lambda - \lambda_j} \sum_{k=0}^{\infty} \frac{D_j^k|_{\operatorname{ran} P_j}}{(\lambda - \lambda_j)^k} = \frac{1}{\lambda - \lambda_j} \sum_{k=0}^{\nu_j - 1} \frac{D_j^k|_{\operatorname{ran} P_j}}{(\lambda - \lambda_j)^k}\end{aligned} \tag{4.2.38}$$

mit $\nu_j \leq \dim \operatorname{ran} P_j$ (der Dimension des größten Jordanblocks zum Eigenwert λ_j). Durch Multiplikation mit P_j und Addition folgt die Behauptung.

Für Jordanblöcke zu einem Eigenwert λ_j ist obige Rechnung explizit durch

$$\begin{aligned}\left(\lambda - \begin{bmatrix} \lambda_j & 1 & & \\ & \ddots & \ddots & \\ & & \ddots & 1 \\ & & & \lambda_j \end{bmatrix} \right)^{-1} &= \begin{bmatrix} \lambda - \lambda_j & -1 & & \\ & \ddots & \ddots & \\ & & \ddots & -1 \\ & & & \lambda - \lambda_j \end{bmatrix}^{-1} \\ = \frac{1}{\lambda - \lambda_j} \begin{bmatrix} 1 & \frac{-1}{\lambda - \lambda_j} & & \\ & \ddots & \ddots & \\ & & \ddots & \frac{-1}{\lambda - \lambda_j} \\ & & & 1 \end{bmatrix}^{-1} &= \frac{1}{\lambda - \lambda_j} (I - \frac{1}{\lambda - \lambda_j} D_j)^{-1} \\ = \frac{1}{\lambda - \lambda_j} \sum_{k=0}^{\infty} \frac{1}{(\lambda - \lambda_j)^k} D_j^k &= \frac{1}{\lambda - \lambda_j} \left(I + \sum_{k=1}^{\nu - 1} \frac{D_j^k}{(\lambda - \lambda_j)^k} \right)\end{aligned} \tag{4.2.39}$$

gegeben, wobei auf der ersten Nebendiagonalen die Einträge 0 und 1 vorkommen und ν die Dimension des größten Jordanblocks zum Eigenwert λ_j ist. □

Die Darstellung von Lemma 4.2 gilt für jeden Punkt $z \in \Omega$ und bestimmt die Eigenprojektoren und Eigennilpotenten als die Koeffizienten in der Partialbruchzerlegung der Resolvente. In Gebieten konstanter Vielfachheit sind Eigenprojektoren und Eigennilpotente lokal holomorph.

4.2.8 Beispiel Sei $A \in \mathbb{C}^{m\times m}$ eine Matrix mit paarweise verschiedenen (einfachen) Eigenwerten $\lambda_1, \dots, \lambda_m \in \mathbb{C}$ und zugehörigen Eigenprojektoren P_j

$$P_j v = \frac{1}{2\pi \mathrm{i}} \oint_{\Gamma_j} (\lambda - A)^{-1} v \, \mathrm{d}\lambda = \langle \phi_j, v\rangle v_j, \qquad v \in \mathbb{C}^m, \tag{4.2.40}$$

dargestellt durch entsprechend gewählte Eigenvektoren v_j und duale Basisvektoren ϕ_j. Damit ergibt sich für die Resolvente die Partialbruchzerlegung

$$(\lambda - A)^{-1} = \sum_{j=1}^{m} \frac{P_j}{\lambda - \lambda_j}. \tag{4.2.41}$$

Sei nun $B \in \mathbb{C}^{m\times m}$ eine weitere Matrix. Wir fragen nach dem Verhalten der Eigenprojektoren von $A + zB$ als Funktion von z nahe $z = 0$. Dazu nutzen wir die Störungsreihe aus Satz 4.2.5 (1) und (2) und bestimmen die ersten Terme der Potenzreihe für $P_j(z)$. Es gilt mit $R_0(\lambda) = (\lambda - A)^{-1}$ und den Matrizen $A_0 = A$ und $A_1 = B$ (und $A_\nu = 0$ für $\nu \geq 2$)

$$R^{(1)}(\lambda) = R_0(\lambda) B R_0(\lambda), \qquad R^{(2)}(\lambda) = R_0(\lambda) B R_0(\lambda) B R_0(\lambda) \tag{4.2.42}$$

und damit

$$\begin{aligned} P_j^{(1)} &= \frac{1}{2\pi \mathrm{i}} \oint_{\Gamma_j} R^{(1)}(\lambda)\, \mathrm{d}\lambda = \operatorname{Res}_{\lambda=\lambda_j} R^{(1)}(\lambda) \\ &= P_j B \left(\sum_{i\neq j} \frac{P_i}{\lambda_j - \lambda_i} \right) + \left(\sum_{i\neq j} \frac{P_i}{\lambda_j - \lambda_i} \right) B P_j = \sum_{i\neq j} \frac{P_j B P_i + P_i B P_j}{\lambda_j - \lambda_i}. \end{aligned} \tag{4.2.43}$$

Analog ergibt sich für den zweiten Term

$$P_j^{(2)} = \sum_{i,k\neq j} \frac{P_j B P_i B P_k + P_i B P_j B P_k + P_i B P_k B P_j}{(\lambda_j - \lambda_i)(\lambda_j - \lambda_k)} \tag{4.2.44}$$

und damit für den Projektor

$$P_j(z) = P_j + z P_j^{(1)} + z^2 P_j^{(2)} + \mathbf{O}(z^3), \qquad z \to 0. \tag{4.2.45}$$

Die bestimmten Koeffizienten sind durch die Eigenvektoren v_j und die dazu dualen Basisvektoren ϕ_j ausdrückbar. Es gilt

$$\begin{aligned} P_j^{(1)} v &= \sum_{i \neq j} \frac{P_j B P_i + P_i B P_j}{\lambda_j - \lambda_i} v = \sum_{i \neq j} \frac{v_j \langle \phi_j, B v_i \rangle \langle \phi_i, v \rangle + v_i \langle \phi_i, B v_j \rangle \langle \phi_j, v \rangle}{\lambda_j - \lambda_i} \\ &= v_j \sum_{i \neq j} \frac{\langle \phi_j, B v_i \rangle}{\lambda_j - \lambda_i} \langle \phi_i, v \rangle + \sum_{i \neq j} v_i \frac{\langle \phi_i, B v_j \rangle}{\lambda_j - \lambda_i} \langle \phi_j, v \rangle \end{aligned} \tag{4.2.46}$$

und entsprechend

$$\begin{aligned} P_j^{(2)} v = &\sum_{i,k \neq j} v_j \frac{\langle \phi_j, B v_i \rangle \langle \phi_i, B v_k \rangle \langle \phi_k, v \rangle}{(\lambda_j - \lambda_i)(\lambda_j - \lambda_k)} \\ &+ \sum_{i,k \neq j} v_i \frac{\langle \phi_i, B v_j \rangle \langle \phi_j, B v_k \rangle \langle \phi_k, v \rangle + \langle \phi_i, B v_k \rangle \langle \phi_k, B v_j \rangle \langle \phi_j, v \rangle}{(\lambda_j - \lambda_i)(\lambda_j - \lambda_k)} \end{aligned} \tag{4.2.47}$$

für jedes $v \in \mathbb{C}^m$. Angewandt auf v_j ergibt sich zumindest lokal um $z = 0$ eine holomorphe Familie von Eigenvektoren $v_j(z) = P_j(z)v$ von $A + zB$, die ersten Terme der entsprechenden Reihe sind

$$v_j(z) = P_j(z) v_j = v_j + z \sum_{i \neq j} v_i \frac{\langle \phi_i, B v_j \rangle}{\lambda_j - \lambda_i} + z^2 \sum_{i,k \neq j} v_i \frac{\langle \phi_i, B v_k \rangle \langle \phi_k, B v_j \rangle}{(\lambda_j - \lambda_i)(\lambda_j - \lambda_k)} + \mathbf{O}(z^3) \tag{4.2.48}$$

und beschreiben damit das asymptotische Verhalten der Eigenvektoren für kleine z.

4.3 Differentialgleichungen mit regulären Singularitäten

4.3.1 Zuletzt wollen wir uns Differentialgleichungen zuwenden. Wir betrachten homogene Gleichungen

$$\sum_{k=0}^{m} \alpha_k(z) f^{(k)}(z) = 0 \tag{4.3.1}$$

auf einem Gebiet Ω mit meromorphen Koeffizienten $\alpha_k \in \mathcal{M}(\Omega)$ für eine zu bestimmende Funktion $f : \Omega \supset U \to \mathbb{C}$. Der Einfachheit halber sei wieder vorerst $\alpha_m(z) = 1$ auf Ω und wir bezeichnen mit Ω_r die Menge aller $z \in \Omega$ in der alle $\alpha_k(z)$ regulär sind. Die Menge $\Omega \setminus \Omega_r$ ist diskret und besteht aus den singulären Punkten der Differentialgleichung. In der Nähe regulärer Punkte existieren m linear unabhängige Lösungen, die wiederum selbst holomorph sind.

4.3.2 Satz *Sei $z_0 \in \Omega_r$ regulärer Punkt. Dann existiert zu beliebig vorgegebenen Daten*

$$f^{(\ell)}(z_0) = \beta_\ell \in \mathbb{C}, \qquad \ell = 0, 1, \ldots m-1, \tag{4.3.2}$$

eine Umgebung $U \subset \Omega_r$ von z_0 und eine eindeutig bestimmte Lösung $f \in \mathcal{A}(U)$ zu (4.3.1).

Beweis Es genügt, den Potenzreihenansatz

$$f(z) = \sum_{n=0}^{\infty} \frac{\beta_n}{n!}(z - z_0)^n \tag{4.3.3}$$

in die Gleichung einzusetzen und mittels Koeffizientenvergleich die noch unbekannten β_n, $n \geq m$, zu bestimmen. Dazu nutzen wir die Potenzreihen

$$\alpha_k(z) = \sum_{n=0}^{\infty} \frac{\gamma_{k,n}}{n!}(z - z_0)^n \tag{4.3.4}$$

der um z_0 holomorphen Koeffizienten und erhalten aus der Differentialgleichung die Rekursionsvorschrift

$$(\beta_{n+m})_{n\in\mathbb{N}_0} = -\sum_{k=0}^{m-1} (\gamma_{k,n})_{n\in\mathbb{N}_0} \diamondsuit (\beta_{n+k})_{n\in\mathbb{N}_0}, \tag{4.3.5}$$

aus der sich in Kombination mit (1.6.4) rekursiv die Koeffizienten

$$\beta_{n+m} = -\sum_{k=0}^{m-1} \sum_{\ell=0}^{n} \binom{n}{\ell} \gamma_{k,\ell} \beta_{n-\ell+k} \tag{4.3.6}$$

ergeben. Es bleibt die Konvergenz der Reihe zu zeigen. Da alle Koeffizienten holomorph um z_0 sind, gilt $\rho_{\mathscr{E}}(\gamma_k) > \rho > 0$, also $|\gamma_{k,n}|/n! \in \mathbf{O}(\rho^{-n})$ für $n \to \infty$. Eingesetzt in die Rekursion folgt induktiv

$$\begin{aligned}
\frac{|\beta_{n+m}|}{(n+m)!} &\leq \sum_{k=0}^{m-1} \sum_{\ell=0}^{n} \binom{n}{\ell} \frac{C\ell!\rho^{-\ell}\; M(n-\ell+k)!\rho^{-n+\ell-k}}{(n+m)!} \\
&= CM\rho^{-n-m} \sum_{k=0}^{m-1} \sum_{\ell=0}^{n} \frac{n!}{\ell!(n-\ell)!} \frac{\ell!(n-\ell+k)!}{(n+m)!} \rho^{m-k} \\
&= CM\rho^{-n-m} \sum_{k=0}^{m-1} \left(\sum_{\ell=0}^{n} \frac{(\ell+k)!}{\ell!} \right) \frac{n!}{(n+m)!} \rho^{m-k} \\
&\leq M\rho^{-n-m} C \sum_{k=0}^{m-1} \frac{n+1}{n+m} \rho^{m-k} \\
&\leq M\rho^{-n-m} C \left(\rho + \cdots + \rho^{m-1}\right) \leq M\rho^{-n-m}
\end{aligned} \tag{4.3.7}$$

für $M \geq \max_{0 \leq k < m} |\beta_k| \rho^k / k!$ und ρ klein genug. Damit ergibt sich aber $\rho_{\mathscr{E}}(\beta) > \rho$ und das Lemma ist gezeigt. □

4.3.3 Lemma

(1) Jede holomorphe Fortsetzung einer Lösung von (4.3.1) *ist wieder Lösung von* (4.3.1).
(2) Auf dem Rand des Konvergenzkreises einer Lösungsfunktion von (4.3.1) *liegt ein Pol eines Koeffizienten oder eine Nullstelle des führenden Koeffizienten (oder eine wesentliche Singularität der holomorphen Fortsetzung eines Koeffizienten).*
(3) Jede Lösung von (4.3.1) *ist holomorph auf einer Riemannschen Fläche über* Ω_r.

Beweis **(1)** folgt direkt aus dem Identitätssatz A.2.5 holomorpher Funktionen. **(2)** folgt aus **(1)** und obigem Theorem. **(3)** ergibt sich aus **(2)**. □

4.3.4 Auf diese Weise erhält man in einer kleinen Umgebung von $z_0 \in \Omega_r$ ein System von m linear unabhängigen Lösungen der Gl. (4.3.1). Zur Untersuchung der Unabhängigkeit eines solchen Systems $f_1, \ldots, f_m$ bietet sich die *Wronskideterminante*[3]

$$\mathcal{W}(f_1, \ldots, f_m)(z) = \det \begin{bmatrix} f_1(z) & f_2(z) & \cdots & f_m(z) \\ \partial_z f_1(z) & \partial_z f_2(z) & \cdots & \partial_z f_m(z) \\ \vdots & \vdots & & \vdots \\ \partial_z^{m-1} f_1(z) & \partial_z^{m-1} f_2(z) & \cdots & \partial_z^{m-1} f_m(z) \end{bmatrix} \tag{4.3.8}$$

an. Wählt man speziell Funktionen $f_k(z)$ mit $\partial_z^{\ell-1} f_k(z_0) = \delta_{k,\ell}$ für das Fundamentalsystem, so gilt $\mathcal{W}(f_1, \ldots, f_m)(z_0) = 1$. Ein System von Lösungen ist genau dann linear abhängig, wenn die Wronskideterminante verschwindet. Dass sich Fundamentalsysteme auch holomorph fortsetzen lassen, folgt aus

4.3.5 Lemma (Abel, Liouville) *Seien* $f_1, \ldots, f_m$ *Lösungen zu* (4.3.1). *Dann gilt*

$$\frac{\mathrm{d}}{\mathrm{d}z} \mathcal{W}(f_1, \ldots, f_n)(z) = -a_{m-1}(z)\, \mathcal{W}(f_1, \ldots, f_n)(z) \tag{4.3.9}$$

und somit

$$\mathcal{W}(f_1, \ldots, f_n)(z) = \mathcal{W}(f_1, \ldots, f_n)(z_0)\, \exp\left(-\int_{z_0}^{z} a_{m-1}(\zeta)\, \mathrm{d}\zeta\right), \tag{4.3.10}$$

wobei entlang des Weges integriert wird, auf dem die Lösungen analytisch fortgesetzt werden.

[3] Jósef Maria Hoëné-Wronski, 1776–1853.

Beweis Der Beweis folgt durch Differenzieren. Direkt aus der Definition der Wronskideterminante folgt

$$\begin{aligned}
\frac{\mathrm{d}}{\mathrm{d}z}\mathcal{W}(f_1,\ldots,f_m) &= \frac{\mathrm{d}}{\mathrm{d}z}\det\begin{bmatrix} f_1(z) & f_2(z) & \cdots & f_m(z) \\ \partial_z f_1(z) & \partial_z f_2(z) & \cdots & \partial_z f_m(z) \\ \vdots & \vdots & & \vdots \\ \partial_z^{m-1} f_1(z) & \partial_z^{m-1} f_2(z) & \cdots & \partial_z^{m-1} f_m(z) \end{bmatrix} \\
&= \det\begin{bmatrix} \partial_z f_1(z) & \partial_z f_2(z) & \cdots & \partial_z f_m(z) \\ \partial_z f_1(z) & \partial_z f_2(z) & \cdots & \partial_z f_m(z) \\ \vdots & \vdots & & \vdots \\ \partial_z^{m-1} f_1(z) & \partial_z^{m-1} f_2(z) & \cdots & \partial_z^{m-1} f_m(z) \end{bmatrix} \\
&\quad + \det\begin{bmatrix} f_1(z) & f_2(z) & \cdots & f_m(z) \\ \partial_z^2 f_1(z) & \partial_z^2 f_2(z) & \cdots & \partial_z^2 f_m(z) \\ \vdots & \vdots & & \vdots \\ \partial_z^{m-1} f_1(z) & \partial_z^{m-1} f_2(z) & \cdots & \partial_z^{m-1} f_m(z) \end{bmatrix} \\
&\qquad \vdots \\
&\quad + \det\begin{bmatrix} f_1(z) & f_2(z) & \cdots & f_m(z) \\ \partial_z f_1(z) & \partial_z f_2(z) & \cdots & \partial_z f_m(z) \\ \vdots & \vdots & & \vdots \\ \partial_z^{m} f_1(z) & \partial_z^{m} f_2(z) & \cdots & \partial_z^{m} f_m(z) \end{bmatrix} \qquad (4.3.11)
\end{aligned}$$

$$\begin{aligned}
&= -a_{m-1}(z)\det\begin{bmatrix} f_1(z) & f_2(z) & \cdots & f_m(z) \\ \partial_z f_1(z) & \partial_z f_2(z) & \cdots & \partial_z f_m(z) \\ \vdots & \vdots & & \vdots \\ \partial_z^{m-1} f_1(z) & \partial_z^{m-1} f_2(z) & \cdots & \partial_z^{m-1} f_m(z) \end{bmatrix} \\
&= -a_{m-1}(z)\,\mathcal{W}(f_1,\ldots,f_m)(z)
\end{aligned}$$

aufgrund der Linearität der Determinante. In allen bis auf der letzten der auftretenden Determinanten sind Zeilen doppelt. □

4.3.6 Sei nun $U \subset \Omega_r$ einfach zusammenhängend und $f_1,\ldots,f_m \in \mathcal{A}(U)$ ein Fundamentalsystem von Lösungen zu (4.3.1) in U. Ein solches erhält man insbesondere dadurch, dass man es an einem Punkt in U als Lösungen nach Satz 4.3.2 konstruiert und die so konstruierten Lösungen entlang (beliebiger, da homotoper) Wege in jeden Punkt von U fortsetzt. Sei nun $\Gamma \subset \Omega_r$ ein geschlossener und in U startender Weg, der einen singulären Punkt $z_* \in \Omega \setminus \Omega_r$ einmal umrundet. Nach Fortsetzung entlang Γ erhält man also ein *neues* Fundamentalsystem in U und damit insbesondere eine

Matrix A mit

$$\begin{bmatrix} f_1(z) \\ \vdots \\ f_m(z) \end{bmatrix} \rightsquigarrow A \begin{bmatrix} f_1(z) \\ \vdots \\ f_m(z) \end{bmatrix}, \qquad z \in U, \tag{4.3.12}$$

wobei auf der rechten Seite die holomorphen Fortsetzungen der Funktionen f_j entlang Γ dargestellt im Ausgangsfundamentalsystem stehen. Die dabei auftretende Matrix hängt nur vom Ausgangsfundamentalsystem in U und von der Homotopieklasse des Weges Γ ab und wird als *Monodromiematrix* des Fundamentalsystems in der Singularität z_* bezeichnet. Aus praktischen Gründen sind Fundamentalsysteme mit besonders einfacher Matrix A von Interesse. Wir unterscheiden dazu zwei Arten singulärer Punkte $z_* \in \Omega \setminus \Omega_r$. Wir bezeichnen z_* als *regulär singulär,* falls

$$(z - z_*)^{m-k} \alpha_k(z) \quad \text{holomorph in } z_* \tag{4.3.13}$$

für alle $k = 0, 1, \ldots, m$ ist. Ein singulärer Punkt, der nicht regulär singulär ist, wird als *irregulär singulär* bezeichnet.

In der Nähe regulär singulärer Punkte verhält sich die Differentialgleichung wie eine Gleichung vom Fuchstyp. Setzt man

$$\gamma_k = \lim_{z \to z_*} (z - z_*)^{m-k} \alpha_k(z), \tag{4.3.14}$$

so liefert

$$\sum_{k=0}^{m} (z - z_*)^k \gamma_k \tilde{f}^{(k)}(z) = 0 \tag{4.3.15}$$

ein Modellproblem im singulären Punkt, dessen Lösungen durch die Nullstellen des zugeordneten *Indikatorpolynoms*

$$p(r) = \sum_{k=0}^{m} \gamma_k r(r-1) \cdots (r-k+1) = \sum_{k=0}^{m} \gamma_k \, (r)_k = 0 \tag{4.3.16}$$

bestimmt sind. Ist r eine Nullstelle von $p(r)$, so löst

$$\tilde{f}(z) = (z - z_*)^r \tag{4.3.17}$$

das Hilfsproblem (4.3.14). Ist r mehrfache Nullstelle der Ordnung ν, so ergeben sich allgemeiner Lösungen der Form

$$\tilde{f}(z) = (z - z_*)^r \big(\ln(z - z_*)\big)^\mu \tag{4.3.18}$$

für $\mu = 0, 1, \ldots \nu - 1$. Alle diese Lösungen sind für nichtganzzahliges r beziehungsweise für $\mu \geq 1$ als Funktionen auf einer sich in z_* verzweigenden Riemannschen Fläche zu verstehen.

Die Lösung der Ausgangsgleichung hängt mit den Lösungen dieser Modellprobleme eng zusammen, allerdings spielen auch Nullstellen des Indikatorpolynoms mit ganzzahligen Differenzen eine besondere Rolle. Dies haben wir bereits am Beispiel der Besselschen Differentialgleichung in 3.4.4 für Gleichungen vom Fuchs-Typ beobachtet. Wir formulieren das Resultat in Form von zwei Theoremen und formulieren damit zwei Störungsresultate für Gleichungen dieses Typs.

4.3.7 Satz (Frobenius[4], Fuchs) *Sei $z_* \in \Omega$ regulär singulärer Punkt der Differentialgleichung* (4.3.1) *und $p(r)$ das zugehörige Indikatorpolynom. Ist nun r eine Nullstelle von p, so dass $p(r+n) \neq 0$ für alle $n \in \mathbb{N}$ gilt. Dann existiert eine Umgebung U von z_* und ein Lösung f der Form*

$$f(z) = (z - z_*)^r \sum_{n=0}^{\infty} \beta_n (z - z_*)^n \tag{4.3.19}$$

mit $\rho((\beta_n)_{n \in \mathbb{N}}) > 0$.

Beweis Durch eine lineare Substitution kann man annehmen, dass $z_* = 0$ gilt. Wir machen den Ansatz

$$f(z) = z^r \sum_{n=0}^{\infty} \beta_n z^n \tag{4.3.20}$$

zur Bestimmung der Lösung. Zusammen mit den Potenzreihen der Koeffizientenfunktionen

$$\alpha_k(z) = z^{k-m} \sum_{n=0}^{\infty} \gamma_{k,n} z^n \tag{4.3.21}$$

erhalten wir durch Einsetzen in (4.3.1)

$$\begin{aligned} 0 &= \sum_{k=0}^{m} z^{k-m} \left(\sum_{\ell=0}^{\infty} \gamma_{k,\ell}\, z^{\ell} \right) \left(\sum_{j=0}^{\infty} \beta_j\, (j+r)_k\, z^{j+r-k} \right) \\ &= \sum_{n=0}^{\infty} z^{n+r-m} \sum_{k=0}^{m} \sum_{\ell=0}^{n} \gamma_{k,\ell}\, (r+n-\ell)_k\, \beta_{n-\ell} \end{aligned} \tag{4.3.22}$$

und Koeffizientenvergleich liefert Bestimmungsgleichungen für die Koeffizienten β_n. Um diese kurz aufschreiben zu können, definieren wir neben dem Indikatorpolynom

$$p(r) = \sum_{k=0}^{m} \gamma_{k,0}\, (r)_k \tag{4.3.23}$$

---

[4] Ferdinand Georg Frobenius, 1849–1917.

die Hilfspolynome

$$h_\ell(r) = \sum_{k=0}^{m} \gamma_{k,\ell}\,(r)_k. \tag{4.3.24}$$

Koeffizientenvergleich in (4.3.22) liefert damit

$$\begin{aligned}
n = 0: &\qquad \beta_0 p(r) = 0\\
n = 1: &\qquad \beta_1 p(r+1) = -h_1(r)\beta_0\\
n = 2: &\qquad \beta_2 p(r+2) = -h_2(r)\beta_0 - h_1(r+1)\beta_1\\
\vdots &\\
n: &\qquad \beta_n p(r+n) = -\sum_{\ell=1}^{n} h_\ell(r+n-\ell)\beta_{n-\ell}
\end{aligned} \tag{4.3.25}$$

und damit für r mit $p(r) = 0$ die mögliche Wahl $\beta_0 = 1$ und rekursiv

$$\beta_n = -\sum_{\ell=1}^{n} \frac{h_\ell(r+n-\ell)}{p(r+n)}\beta_{n-\ell}. \tag{4.3.26}$$

Da $p(r+n) \neq 0$ für alle $n \in \mathbb{N}$ gilt, ist die Folge $(\beta)_n$ wohldefiniert und es bleibt $\rho((\beta_n)_{n\in\mathbb{N}}) > 0$ und damit die lokal gleichmäßige Konvergenz der Reihe nachzuweisen. Diese folgt ähnlich zum Beweis von Satz 4.3.2. □

4.3.8 Mitunter reicht dieser Satz schon aus um ein Fundamentalsystem von Lösungen zu konstruieren. Besitzt das Indikatorpolynom allerdings mehrfache Nullstellen oder Nullstellenpaare mit ganzzahligen Differenzen, so muss man allgemeiner vorgehen. Sei dazu eine Folge rationaler Funktionen $\beta_n(r)$ durch ein Polynom $\beta_0(r)$ und die Rekursion

$$\beta_n(r) = -\sum_{\ell=1}^{n} \frac{h_\ell(r+n-\ell)}{p(r+n)}\beta_{n-\ell}(r) \tag{4.3.27}$$

definiert. Nach Konstruktion besitzt die rationale Funktion $\beta_n(r)$ höchstens in

$$\{r - \ell \mid p(r) = 0,\ \ell \in \mathbb{N}\} \tag{4.3.28}$$

Polstellen. Bei geeigneter Wahl des Ausgangspolynoms kann man nun sicherstellen, dass für gegebenes r alle β_n in r definiert und regulär sind. Ist r eine Nullstelle von p und gilt für Zahlen $n_1, \ldots, n_j \in \mathbb{N}$ auch $p(r + n_i) = 0$, so setzt man im generischen

Fall[5] $n_0 = 0$ und

$$\beta_0(r) = \prod_{i=1}^{j} \left(\prod_{n=n_{i-1}+1}^{n_i} p(r+n) \right)^{j-i+1} . \tag{4.3.29}$$

Analog zum obigen Fall zeigt man, dass die Reihe

$$f(z,r) = z^r \sum_{n=0}^{\infty} \beta_n(r)\, z^n \tag{4.3.30}$$

lokal gleichmäßig in r und in z um den Ursprung konvergiert. Darüberhinaus liefert die Konstruktion, dass

$$\sum_{k=0}^{m} \alpha_k(z)\, \partial_z^k f(z,r) = p(r)\, \beta_0(r)\, z^{r-m} \tag{4.3.31}$$

gilt. Ist r Nullstelle von p, so ist damit $f(z,r)$ Lösung. Ist darüberhinaus $r + n_1$ Nullstelle, so kann diese Gleichung nach r differenziert werden und liefert wegen $\beta_0(r+n_1) = 0$

$$\sum_{k=0}^{m} \alpha_k(z)\, \partial_z^k \partial_r f(z,r) = p'(r)\, \beta_0(r)\, z^{r-m} + p(r)\, \beta_0'(r)\, z^{r-m} + p(r)\, \beta_0(r)\, z^{r-m} \ln z = 0 \tag{4.3.32}$$

eine zweite Lösung $\partial_r f(z,r)$. Ist $r + n_2$ weitere Lösung, so kann man nochmals Differenzieren und erhält wiederum eine Lösung. Dies kann man fortsetzen, bis die Vielfachheit erreicht ist, siehe dazu auch Abb. 4.5. Wegen der auftretenden Logarithmusterme in

$$\begin{aligned}
\partial_r f(z,r) &= z^r\, \ln z \sum_{n=0}^{\infty} \beta_n(r) z^n + z^r \sum_{n=0}^{\infty} \beta_n'(r) z^n \\
\partial_r^2 f(z,r) &= z^r\, (\ln z)^2 \sum_{n=0}^{\infty} \beta_n(r) z^n + z^r\, \ln z \sum_{n=0}^{\infty} \beta_n'(r) z^n + z^r \sum_{n=0}^{\infty} \beta_n''(r) z^n
\end{aligned} \tag{4.3.33}$$

sind die so konstruierten Lösungen linear unabhängig. Weiter ist $\beta_n(r) = 0$ für $n \leq n_2$ und $\beta_n'(r) = 0$ für $n \leq n_1$.

Wir fassen dies als zweiten Störungssatz zusammen:

---

[5] Die Faktoren sind so gewählt, dass sie Nullstellen liefern die irgendwann beim Dividieren durch $p(r+n)$ gekürzt werden. Sollten die Hilfspolynome $h_\ell(r)$ oft genug Null sein, so müssen eventuell Faktoren gestrichen werden und der ‚Schatten' den die Nullstellen werfen wird entsprechend dünner.

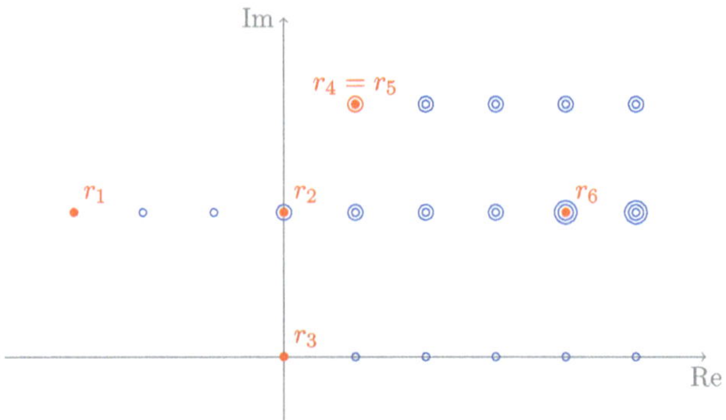

Abb. 4.5 Nullstellen des Indikatorpolynoms und ihr ‚Schatten'. Für jede weitere Nullstelle, die durch den ‚Schatten' getroffen wird, ergeben sich weitere Potenzen der Logarithmusfunktion in der Reihendarstellung der Lösung

4.3.9 Satz (Frobenius[6], Fuchs) *Sei $z_* \in \Omega$ regulär singulärer Punkt der Differentialgleichung* (4.3.1) *und $p(r)$ das zugehörige Indikatorpolynom. Ist r eine Nullstelle von p und seien $n_1, \dots, n_\nu \in \mathbb{N}_0$ (mit Vielfachheit) derart, dass $p(r+n_j) = 0$ gilt und dies alle Nullstellen der Form[7] $p(r+n)$, $n \in \mathbb{N}_0$, sind. Dann existiert eine Umgebung U von z_* und holomorphe Funktionen $g_j \in \mathcal{A}(U)$, so dass*

$$\begin{aligned} f_1(z) &= (z-z_*)^{r+n_1} g_1(z) + \cdots + (z-z_*)^{n_\nu} \big(\ln(z-z_*)\big)^{\nu-1} g_\nu(z) \\ f_2(z) &= (z-z_*)^{r+n_2} g_2(z) + \cdots + (z-z_*)^{n_\nu} \big(\ln(z-z_*)\big)^{\nu-2} g_\nu(z) \\ &\vdots \\ f_\nu(z) &= (z-z_*)^{r+n_\nu} g_\nu(z) \end{aligned} \tag{4.3.34}$$

linear unabhängige Lösungen der Gl. (4.3.1) *sind.*

4.3.10 Beispiel Die *Besselsche Differentialgleichung*

$$z^2 f''(z) + z f'(z) + (z^2 - \nu^2) f(z) = 0 \tag{4.3.35}$$

besitzt (nach Division durch z^2) im Punkt $z = 0$ eine reguläre Singularität. Die Indikatorgleichung ist durch $p(r) = (r)_2 + (r)_1 - \nu^2 = r(r-1) + r - \nu^2 = r^2 - \nu^2$ gegeben. Weiter gilt $h_2(r) = 1$ und $h_\ell(r) = 0$ für alle $\ell \neq 2$. Die Indikatorgleichung besitzt die Nullstellen $r = \pm\nu$ und es treten drei interessante Fälle auf. Man beachte, dass der von den Nullstellen von p geworfene ‚Schatten' hier aus $\nu + 2\mathbb{N}$ und $-\nu + 2\mathbb{N}$ besteht.

[6] Ferdinand Georg Frobenius, 1849–1917.

[7] Generisch. In Spezialfällen sollten das nur alle Nullstellen im dann kleineren ‚Schatten' der Nullstelle r sein.

(a) Sei $\nu = 0$. Dann ist 0 doppelte Nullstelle und wir finden zwei Lösungen der Form

$$\mathcal{J}_0(z) = \sum_{n=0}^{\infty} \beta_n z^n, \qquad \mathcal{Y}^{(0)}(z) = \ln z \sum_{n=0}^{\infty} \beta_n z^n + \sum_{n=0}^{\infty} \tilde{\beta}_n z^n \tag{4.3.36}$$

mit geeigneten Koeffizientenfolgen (β_n) und $(\tilde{\beta}_n)$.

(b) Sei $\nu \in \mathbb{N}$. Hier egeben sich Lösungen der Form

$$\mathcal{J}_\nu(z) = z^\nu \sum_{n=0}^{\infty} \beta_{n,\nu} z^n, \qquad \mathcal{Y}^{(\nu)}(z) = z^\nu \ln z \sum_{n=0}^{\infty} \beta_{n,\nu} z^n + z^{-\nu} \sum_{n=0}^{\infty} \tilde{\beta}_{n,\nu} z^n \tag{4.3.37}$$

mit geeigneten Koeffizientenfolgen $(\beta_{n,\nu})$ und $(\tilde{\beta}_{n,\nu})$.

(c) Sei zuletzt $\nu \in \mathbb{C} \setminus \mathbb{Z}$. Dann sind unabhängige Lösungen durch Reihen

$$\mathcal{J}_\nu(z) = z^\nu \sum_{n=0}^{\infty} \beta_{n,\nu} z^n, \qquad \mathcal{J}_{-\nu}(z) = z^{-\nu} \sum_{n=0}^{\infty} \beta_{n,-\nu} z^n \tag{4.3.38}$$

mit geeigneten Koeffizientenfolgen $(\beta_{n,\nu})$ gegeben.

Der Satz liefert damit die Form der Lösungsdarstellungen, die Berechnung der Koeffizienten ergibt sich am besten durch Einsetzung und Koeffizientenvergleich. Explizite Formeln haben wir bereits in Beispiel 3.4.4 gesehen.

4.3.11 Oft betrachtet man Differentialgleichungen nicht nur auf ganz $\mathbb{C}$ sondern auf der Riemannschen Zahlenkugel $\widehat{\mathbb{C}} = \mathbb{C} \cup \{\infty\}$. Letzteres bedarf einer Klarstellung. Wir bezeichnen mit $\mathcal{M}(\widehat{\mathbb{C}})$ die Menge der auf ganz $\mathbb{C}$ meromorphen Funktionen,

$$\mathcal{M}(\widehat{\mathbb{C}}) = \{\alpha \in \mathcal{M}(\mathbb{C}) \ : \ \exists_{N\in\mathbb{N}} \ \ \alpha(z) \in \mathbf{O}_{z\to\infty}(|z|^N)\}. \tag{4.3.39}$$

Diese besitzen nur endlich viele Polstellen und im Unendlichen ein höchstens polynomiales Wachstum. Damit handelt sich genau um den Körper der rationalen Funktionen. Sei nun die Differentialgleichung

$$\sum_{k=0}^{m} \alpha_k(z) f^{(k)}(z) = 0 \tag{4.3.40}$$

mit rationalen Koeffizienten $\alpha_k \in \mathcal{M}(\widehat{\mathbb{C}})$ und $\alpha_m(z) = 1$ gegeben. Die Substitution $z = 1/\zeta$ liefert daraus eine neue Differentialgleichung in $g(\zeta) = f(1/z)$

$$\sum_{k=0}^{m} \beta_k(\zeta) g^{(k)}(\zeta) = 0 \tag{4.3.41}$$

mit neuen ebenso rationalen Koeffizienten $\beta_k \in \mathcal{M}(\widehat{\mathbb{C}})$ und $\beta_m(\zeta) = 1$. Wir sagen $z = \infty$ ist regulärer Punkt, falls $\zeta = 0$ regulärer Punkt für die transformierte Gleichung ist. Weiter heißt $z = \infty$ regulär singulär, falls nach Transformation $\zeta = 0$ regulär singulär ist.

Es ist leicht zu zeigen, dass der Punkt $z = \infty$ genau dann ein regulärer oder regulär singulärer Punkt ist, wenn $z^{m-k}\alpha_k(z)$ für $z \to \infty$ beschränkt bleibt. Eine Differentialgleichung auf $\widehat{\mathbb{C}}$ mit nur regulären Singularitäten wird als *Fuchssche Differentialgleichung* bezeichnet.

Die einfachsten Fuchsschen Differentialgleichungen sind

$$f''(z) + \frac{2}{z} f'(z) = 0, \qquad \text{mit Lösungen } f(z) = c_1 + \frac{c_2}{z} \text{ für } c_1, c_2 \in \mathbb{C} \tag{4.3.42}$$

mit genau einer Singularität in $z = 0$ (und einer regulären Stelle in $z = \infty$) und

$$f''(z) + \frac{a}{z} f'(z) + \frac{b}{z^2} f(z) = 0 \tag{4.3.43}$$

für Parameter $a, b \in \mathbb{C}$ mit Singularitäten in $z = 0$ und $z = \infty$. Die Lösungen der zweiten Gleichung ergeben sich aus den Nullstellen von $\lambda^2 + (a - 1)\lambda + b = 0$. Sind diese einfach, so ergibt sich

$$f(z) = c_1 z^{\lambda_1} + c_2 z^{\lambda_2}, \qquad c_1, c_2 \in \mathbb{C}, \tag{4.3.44}$$

im Falle einer doppelten Nullstelle entsprechend

$$f(z) = c_1 z^{\lambda} + c_2 z^{\lambda} \ln z, \qquad c_1, c_2 \in \mathbb{C}. \tag{4.3.45}$$

Jede Differentialgleichung mit genau einer oder genau zwei regulären Singularitäten kann offenbar auf diese Form gebracht werden. Die nächsteinfache Form besitzt drei reguläre Singularitäten, dieser wenden wir uns im nachfolgenden Beispiel zu.

4.3.12 Beispiel Die *hypergeometrische Differentialgleichung*

$$z(1 - z) f''(z) + (c - (a + b + 1)z) f'(z) - ab f(z) = 0 \tag{4.3.46}$$

zu Parametern $a, b, c \in \mathbb{C}$ besitzt die regulären Singularitäten $z = 0$, $z = 1$ und $z = \infty$. Nach einem Satz von Riemann und Papperitz[8] kann sogar jede Fuchssche Differentialgleichung mit genau drei regulären Singularitäten durch Möbiustransformation auf diese Form gebracht werden. Speziell am Punkt $z = 0$ besitzt die Gleichung das Indikatorpolynom

$$p(r) = (r)_2 + c\,(r)_1 = r(r + c - 1) \tag{4.3.47}$$

[8] Erwin Papperitz, 1857–1938.

und damit die Nullstellen $r = 0$ und $r = 1 - c$. Für nicht ganzzahliges c existiert damit um den Ursprung eine holomorphe Lösung sowie eine Lösung der Form $f(z) = z^{1-c} g(z)$ mit holomorphem g. Die holomorphen Lösungen besitzen mindestens den Konvergenzradius 1. Für $c = 1$ ist $r = 0$ eine doppelte Nullstelle und die zweite Lösung ist von der Form $f(z) = g(z) \ln z$ mit holomorphem g und für ganzzahlige c ist genauer hinzuschauen.

Die im Ursprung holomorphen Lösungen haben die Form *hypergeometrischer Reihen*

$$ {}_2\mathcal{F}_1(a, b; c; z) = \sum_{n=0}^{\infty} \frac{(a)^{(n)} (b)^{(n)}}{(c)^{(n)}} \frac{z^n}{n!} \tag{4.3.48} $$

mit den (wachsenden) Pochhammersymbolen $(a)^{(n)} = a(a+1) \cdots (a+n-1)$. Für nichtganzzahlige c ist eine zweite Lösung durch

$$ z^{1-c} {}_2\mathcal{F}_1(1+a-c, 1+b-c; 2-c; z) \tag{4.3.49} $$

gegeben. Der Nachweis erfolgt wiederum durch Einsetzen.

4.3.13 Beispiel Die *Airysche Differentialgleichung*

$$ f''(z) + z f(z) = 0 \tag{4.3.50} $$

besitzt auf $\mathbb{C}$ nur reguläre Punkte. Der Punkt $z = \infty$ ist irregulär singulär. Selbiges gilt für die Differentialgleichung der Exponentialfunktion $f'(z) = f(z)$.

4.4 Asymptotik der Lösungen in irregulären Singularitäten

4.4.1 Während für die Untersuchung von Lösungen von Differentialgleichungen in der Nähe regulärer und regulär singulärer Punkte eine allgemeine Theorie existiert, bleiben für die Diskussion irregulärer Singularitäten nur Einzelfalluntersuchungen. Wir beschränken uns hier auf Differentialgleichungen zweiter Ordnung auf $\widehat{\mathbb{C}}$; ohne Beschränkung der Allgemeinheit betrachten wir den Fall eines irregulär singulären Punktes in $\infty \in \widehat{\mathbb{C}}$. Beispiele sind uns mit der Airyschen Differentialgleichung

$$ f''(z) - z f(z) = 0 \tag{4.4.1} $$

und der Besselschen Differentialgleichung

$$ z^2 f''(z) + z f'(z) + (z^2 - \nu^2) f(z) = 0 \tag{4.4.2} $$

zum Parameter $\nu \in \mathbb{C}$ schon begegnet. Für Differentialgleichungen zweiter Ordnung existiert eine Normalform. Diese geht auf Liouville zurück und ist der Ausgangspunkt unserer Betrachtungen.

4.4.2 Lemma (Liouville) *Sei $\Omega \subset \mathbb{C}$ einfach zusammenhängend, $a_1, a_0 \in \mathcal{A}(\Omega)$ holomorph und erfülle f die Differentialgleichung*

$$f''(z) + a_1(z)f'(z) + a_0(z)f(z) = 0 \tag{4.4.3}$$

Sei weiter für ein $z_0 \in \Omega$

$$g(z) = \exp\left(\frac{1}{2}\int_{z_0}^{z} a_1(\zeta)\,\mathrm{d}\zeta\right) f(z). \tag{4.4.4}$$

Dann gilt

$$g''(z) - b_0(z)g(z) = 0 \tag{4.4.5}$$

mit

$$b_0(z) = \frac{(a_1(z))^2 + 2a_1'(z)}{4} - a_0(z). \tag{4.4.6}$$

Beweis Der Beweis erfolgt durch Einsetzen und Nachrechnen. Die Definition von g liefert

$$\begin{aligned} g'(z) &= \frac{a_1(z)}{2}\,g(z) + \exp\left(\frac{1}{2}\int_{z_0}^{z} a_1(\zeta)\,\mathrm{d}\zeta\right) f'(z), \\ g''(z) &= \frac{a_1'(z)}{2}\,g(z) + \frac{a_1^2(z)}{4}\,g(z) + \exp\left(\frac{1}{2}\int_{z_0}^{z} a_1(\zeta)\,\mathrm{d}\zeta\right)\Big(a_1(z)f'(z) + f''(z)\Big), \end{aligned} \tag{4.4.7}$$

und damit

$$\begin{aligned} &g''(z) + a_0(z)g(z) - \frac{2a_1'(z) + a_1^2(z)}{4}\,g(z) \\ &\quad = \exp\left(\frac{1}{2}\int_{z_0}^{z} a_1(\zeta)\,\mathrm{d}\zeta\right)\Big(f''(z) + a_1(z)f'(z) + a_0(z)f(z)\Big) = 0. \end{aligned} \tag{4.4.8}$$

□

4.4.3 Damit genügt es, Gleichungen der Form

$$f''(z) - \alpha(z)f(z) = 0 \tag{4.4.9}$$

mit $\alpha \in \mathcal{M}(U_\infty)$ für eine Umgebung $U_\infty \subset \widehat{\mathbb{C}}$ des unendlich fernen Punktes zu untersuchen. Damit ∞ irregulär singulär ist, muss $z^2\alpha(z)$ unbeschränkt für $z \to \infty$ sein, die Laurentreihe von $z^2\alpha(z)$ für $|z| > R$ hinreichend groß also von der Form

$$z^2\alpha(z) = \sum_{k=0}^{\infty} \gamma_k z^{n-k}, \qquad \gamma_0 \neq 0, \tag{4.4.10}$$

mit einem $n \in \mathbb{N}$ sein. Für das Verhalten von Lösungen in der Nähe des singulären Punktes $z = \infty$ spielt die Funktion $z\sqrt{\alpha(z)}$ eine Rolle, die Linien $\mathrm{Re}(z\sqrt{\alpha(z)}) = 0$ zerlegen U_∞ in Sektoren mit potentiell verschiedener Asymptotik. Vergleiche dazu Abb. 4.6.

4.4.4 Satz (Liouville–Green-Approximation) *Angenommen,* $\alpha \in \mathcal{M}(U_\infty)$ *mit*

$$\lim_{z\to\infty} z^2\alpha(z) = \infty. \tag{4.4.11}$$

Wir zerlegen die Umgebung von $z = \infty$ *in Sektoren, in denen* $\mathrm{Re}(z\sqrt{\alpha(z)}) \neq 0$ *gilt. Dann existieren in jedem Sektor Lösungen* $f_\pm$ *zu* (4.4.9) *mit*

$$f_\pm(z) \sim \frac{1}{\sqrt[4]{\alpha(z)}} \exp\left(\pm \int \sqrt{\alpha(z)}\,\mathrm{d}z\right), \qquad z \to \infty \tag{4.4.12}$$

gleichmäßig in jedem kleineren echt enthaltenen Sektor.

Beweis Schritt 1. Da nach Voraussetzung $z^2\alpha(z) \to \infty$ strebt, gilt $\alpha(z) \neq 0$ für $|z|$ hinreichend groß. Wir betrachten ein System erster Ordnung in $V(z) = \big(f(z), f'(z)\big)^\top$. Dann gilt

$$\partial_z V(z) = A(z)V(z) = \begin{bmatrix} 0 & 1 \\ \alpha(z) & 0 \end{bmatrix} V(z). \tag{4.4.13}$$

Die Koeffizientenmatrix hat die Eigenwerte $\pm\sqrt{\alpha(z)}$ und die zugehörigen Eigenvektoren können genutzt werden, die Koeffizientenmatrix zu diagonalisieren. Sei also

$$M(z) = \begin{bmatrix} 1 & 1 \\ -\sqrt{\alpha(z)} & \sqrt{\alpha(z)} \end{bmatrix}, \qquad M^{-1}(z) = \frac{1}{2\sqrt{\alpha(z)}} \begin{bmatrix} \sqrt{\alpha(z)} & -1 \\ \sqrt{\alpha(z)} & 1 \end{bmatrix} \tag{4.4.14}$$

und bezeichne $V_1(z) = M(z)^{-1}V(z)$. Dann gilt

$$\begin{aligned} \partial_z V_1(z) &= \big(M^{-1}(z)A(z)M(z) + \big(\partial_z M^{-1}(z)\big)M(z)\big)V_1(z) \\ &= \left(\begin{bmatrix} -\sqrt{\alpha(z)} & 0 \\ 0 & \sqrt{\alpha(z)} \end{bmatrix} + \frac{\alpha'(z)}{4\alpha(z)} \begin{bmatrix} -1 & 1 \\ 1 & -1 \end{bmatrix}\right) V_1(z) \\ &= \big(\mathcal{D}(z) + \mathcal{R}_1(z)\big)V_1(z). \end{aligned} \tag{4.4.15}$$

Gilt nun $z^2\alpha(z) \in \mathbf{O}(|z|^n)$, so ist $\mathcal{D}(z) \in \mathbf{O}(|z|^{n/2-1})$ und $\mathcal{R}_1(z) \in \mathbf{O}(|z|^{-1})$. Wichtig für das weitere ist ebenso, dass $1/\sqrt{\alpha(z)} \in \mathbf{O}(|z|^{1/2})$. Dies nutzen wir, um das System weiter zu transformieren. Dazu sei $N(z)$ eine Lösung der Kommutatorgleichung

$$[\mathcal{D}(z), N(z)] + \mathcal{R}_1(z) - \operatorname{diag}\mathcal{R}_1(z) = 0, \tag{4.4.16}$$

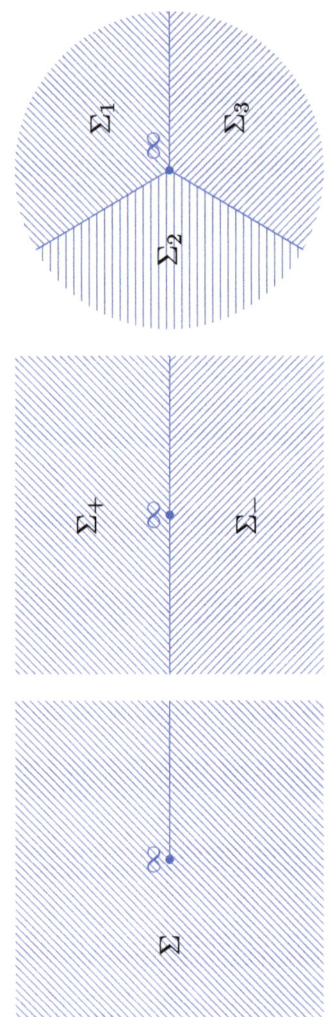

Abb. 4.6 Sektoren in der Umgebung von ∞, links für $n = 1$, in der Mitte für $n = 2$ und rechts für $n = 3$. Der Fall $n = 2$ tritt bei Besselfunktionen ein, der Fall $n = 3$ ist uns für Airyfunktionen schon begegnet

also zum Beispiel die Matrix

$$N(z) = \frac{\alpha'(z)}{8\alpha(z)\sqrt{\alpha(z)}} \begin{bmatrix} 0 & -1 \\ 1 & 0 \end{bmatrix} \in \mathbf{O}(|z|^{-1/2}). \tag{4.4.17}$$

Dann ist $(1 + N(z))$ für hinreichend großes $|z| > R$ invertierbar und die transformierte Funktion $V_2(z) = (1 + N(z))^{-1} V_1(z)$ löst wegen der Identität

$$\begin{aligned}
&\big(\partial_z - \mathcal{D}(z) - \mathcal{R}_1(z)\big)\big(1 + N(z)\big) V_2(z) \\
&\qquad\qquad - \big(1 + N(z)\big)\big(\partial_z - \mathcal{D}(z) - \operatorname{diag}\mathcal{R}_1(z)\big) V_2(z) \\
&= \big(\partial_z N(z) - [\mathcal{D}(z), N(z)] - \mathcal{R}_1(z) + \operatorname{diag}\mathcal{R}_1(z) \\
&\qquad\qquad - \mathcal{R}_1(z) N(z) + N(z) \operatorname{diag}\mathcal{R}_1(z)\big) V_2(z) \\
&= \big(1 + N(z)\big) R_2(z) V_2(z)
\end{aligned} \tag{4.4.18}$$

die Gleichung

$$\partial_z V_2(z) = \left(\begin{bmatrix} -\sqrt{\alpha(z)} & 0 \\ 0 & \sqrt{\alpha(z)} \end{bmatrix} - \frac{\alpha'(z)}{4\alpha(z)} + \mathcal{R}_2(z) \right) V_2(z). \tag{4.4.19}$$

Die neue Koeffizientenmatrix erfüllt $\mathcal{R}_2(z) \in \mathbf{O}(|z|^{-3/2})$ und ist damit entlang von ins unendliche verlaufenden Strahlen absolut integrierbar.

Schritt 2. Wir schreiben das erhaltene System in eine Integralgleichung um und konstruieren daraus wachsende und fallende Lösungen. Dazu schränken wir z auf einen Sektor Σ ein, auf welchem $\operatorname{Re}(z\sqrt{\alpha(z)}) \sim \operatorname{Re}(\sqrt{\gamma_0}\, z^{n/2})$ nicht sein Vorzeichen wechselt. Wir wählen weiterhin den Zweig der Wurzelfunktion auf Σ so, dass asymptotisch $\operatorname{Re}(z\sqrt{\alpha(z)}) > 0$ gilt.

Wir beginnen mit einer wachsenden Lösung und betrachten für ein fest gewähltes $z_0 \in \Sigma$ die Hilfsfunktion

$$\widetilde{V}_2^+(z) = \sqrt[4]{\alpha(z)} \exp\left(- \int_{z_0}^{z} \sqrt{\alpha(\zeta)}\, \mathrm{d}\zeta \right) V_2(z) \tag{4.4.20}$$

mit Integration entlang der Verbindungsstrecke von z_0 nach z, vergleiche Abb. 4.7. Diese erfüllt die modifizierte Gleichung

$$\partial_z \widetilde{V}_2^+(z) = \left(\begin{bmatrix} -2\sqrt{\alpha(z)} & 0 \\ 0 & 0 \end{bmatrix} + \mathcal{R}_2(z) \right) \widetilde{V}_2(z) \tag{4.4.21}$$

und wir suchen eine Lösung über die aus der Duhameldarstellung folgenden Integralgleichung. Sei dazu

$$\Phi_+(z, w) = \begin{bmatrix} \exp\left(-2 \int_w^z \sqrt{\alpha(\zeta)}\, \mathrm{d}\zeta\right) & 0 \\ 0 & 1 \end{bmatrix} \tag{4.4.22}$$

die Fundamentalmatrix des Hauptteils der modifizierten Gleichung. Da

$$\sqrt{\alpha(z)} \sim \sqrt{\gamma_0} z^{n/2-1} \qquad \Longrightarrow \qquad \int \sqrt{\alpha(z)}\, \mathrm{d}z \sim \sqrt{\gamma_0} z^{n/2} \tag{4.4.23}$$

gilt, ist in jedem echt enthaltenen Sektor Σ'

$$\sup_{R<|w|<|z|} \|\Phi_+(z,w)\| < \infty. \tag{4.4.24}$$

Sucht man nun eine Lösung mit

$$\widetilde{V}_2^+(z_0) = \begin{bmatrix} 0 \\ 1 \end{bmatrix}, \tag{4.4.25}$$

so liefert die Duhamelsche Formel die Integralgleichung[9]

$$\widetilde{V}_2^+(z) = \begin{bmatrix} 0 \\ 1 \end{bmatrix} + \int_{z_0}^{z} \Phi(z,w)\mathcal{R}_2(w)\widetilde{V}_2^+(w)\, \mathrm{d}w. \tag{4.4.26}$$

Für R hinreichend groß ist diese Gleichung eindeutig mit dem Banachschen Fixpunktsatz lösbar. Es gilt

$$\sup_{z\in\Sigma'} \left\| \int_{z_0}^{z} \Phi_+(z,w)\mathcal{R}_2(w)\widetilde{V}_2^+(w)\, \mathrm{d}w \right\| \leq C \int_R^\infty \max_\theta \|\mathcal{R}_2(r e^{\mathrm{i}\theta})\|\, \mathrm{d}r \sup_{z\in\Sigma'} \|\widetilde{V}_2^+(z)\| \tag{4.4.27}$$

und das Integral strebt mit $R \to \infty$ gegen Null. Also existiert eine eindeutig bestimmte (stetige) Lösung der Integralgleichung, damit eine Lösung der Differentialgleichung und die so konstruierte Funktion ist als Lösung der Differentialgleichung holomorph.

Für $z \to \infty$ konvergiert die so konstruierte Lösung und bei geeigneter Wahl von z_0 liegt der Grenzwert nahe genug bei $(0,1)^\top$, ist also insbesondere von Null verschieden.

Zur Konstruktion einer fallenden Lösung nutzen wir analog die Hilfsfunktion

$$\widetilde{V}_2^-(z) = \sqrt[4]{\alpha(z)} \exp\left(\int_{z_0}^{z} \sqrt{\alpha(\zeta)}\, \mathrm{d}\zeta \right) V_2(z). \tag{4.4.28}$$

Zusammen mit den Endbedingungen

$$\lim_{z\to\infty} \widetilde{V}_2^-(z) = \begin{bmatrix} 1 \\ 0 \end{bmatrix} \tag{4.4.29}$$

[9] Der Integrationsweg sei dabei jeweils die Verbindungsstrecke.

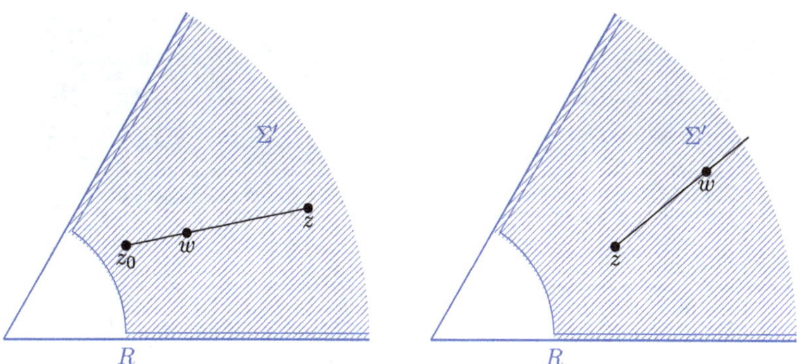

Abb. 4.7 Integrationswege zur Konstruktion der Lösungen $\widetilde{V}_2^+$ und $\widetilde{V}_2^-$

erhält man für diese die Integralgleichung

$$\widetilde{V}_2^-(z) = \begin{bmatrix} 1 \\ 0 \end{bmatrix} + \int_z^\infty \Phi_-(z,w)\mathcal{R}_2(w)\widetilde{V}_2^-(w)\,\mathrm{d}w \tag{4.4.30}$$

unter Ausnutzung der Fundamentalmatrix

$$\Phi_-(z,w) = \begin{bmatrix} 1 & 0 \\ 0 & \exp\left(2\int_w^z \sqrt{\alpha(\zeta)}\,\mathrm{d}\zeta\right) \end{bmatrix}. \tag{4.4.31}$$

Diese ist für $|w| > |z|$ auf Σ' beschränkt,

$$\sup_{R<|z|<|w|} \|\Phi_-(z,w)\| < \infty \tag{4.4.32}$$

und der Banachsche Fixpunktsatz liefert ausgehend von der Abschätzung

$$\begin{aligned} \sup_{z\in\Sigma'} \left\| \int_z^\infty \Phi_-(z,w)\mathcal{R}_2(w)\widetilde{V}_2^-(w)\,\mathrm{d}w \right\| \\ \le C \int_R^\infty \max_\theta \|\mathcal{R}_2(r\mathrm{e}^{\mathrm{i}\theta})\|\,\mathrm{d}r \sup_{z\in\Sigma'} \|\widetilde{V}_2^-(z)\| \end{aligned} \tag{4.4.33}$$

wiederum die Existenz einer entsprechenden Lösung. Rücktransformation liefert Lösungen der Form

$$f_\pm(z) = \frac{1}{\sqrt[4]{\alpha(z)}} \exp\left(\pm \int \sqrt{\alpha(z)}\,\mathrm{d}z\right)(1 + \mathbf{o}(1)) \tag{4.4.34}$$

im Sektor Σ' und damit die zu zeigende Aussage. □

Abb. 4.8 Phasenportrait der Airyfunktion $f(z) = \mathrm{Ai}(z)$ für $\mathrm{Re}\, z, \mathrm{Im}\, z \in [-50, 50]$. Deutlich zu sehen sind die Sektoren in denen die Asymptotik durch Satz 4.4.4 bestimmt wird sowie die dazwischenliegenden Stokeslinien

4.4.5 Die gerade erhaltene Aufteilung der Umgebung des unendlich fernen Punktes in Sektoren entspricht dem schon bei der Diskussion von Airy- und Besselfunktionen beobachteten *Stokesphänomen*. In jedem der Sektoren gibt es eine eindeutig bestimmte fallende Lösung, diese wird oft als rezessiv bezeichnet. Die wachsenden Lösungen sind nicht eindeutig durch ihre Asymptotik bestimmt, hier sind die Anfangsbedingungen im wesentlichen frei wählbar.

In Abb. 4.8 ist dies für Airyfunktionen und in Abb. 4.9 für Hankelfunktionen, also spezielle Lösungen der Besselschen Differentialgleichung dargestellt.

Abb. 4.9 Phasenportrait der Hankelfunktion $f(z) = \mathcal{H}_2^+(z)$ für $\operatorname{Re} z, \operatorname{Im} z \in [-50, 50]$. Die Hankelfunktionen $\mathcal{H}_\nu^\pm(z)$ sind die rezessiven Lösungen der Besselschen Differentialgleichung. Man beachte den Schnitt entlang der negativen reellen Achse

Phasenportraits und elementare Sätze der Funktionentheorie

A

In diesem kurzen Anhang geben wir einige Referenzbilder zu Phasenportraits und fassen wichtige genutzte Sätze der Funktionentheorie kurz zusammen. Für Beweise und weitere Details sei auf Bücher wie [Weg12] oder [Pri48] verwiesen.

A.1 Phasenportraits

Klassische Darstellungen von holomorphen Funktionen sind analytische Landschaften, bei denen zu jedem Punkt $z \in \mathbb{C}$ das Betragsquadrat des Funktionswertes als Höhe genutzt wird. Wir haben uns in Anlehnung an das Buch [Weg12] von Elias Wegert für farbige Darstellungen zur Charakterisierung der Argumente des Funktionswertes entschieden. Dabei verwenden wir zur Darstellung der komplexen Zahlenebene eine Färbung, wie sie in Abb. A.1 links zu sehen ist. Dies ist auch gleichzeitig das Phasenportrait der Funktion $f(z) = z$, an jedem Punkt $z \in \mathbb{C}$ ist die $\arg f(z)$ zugeordnete Farbe mit einem zu $\ln |f(z)|$ passenden Helligkeitswert dargestellt. Die rechte Seite in Abb. A.1 nutzt darüberhinaus $\ln |f(z)|$ als Höhe über der komplexen Ebene um die Funktion als Landschaft darzustellen.

Die Helligkeit hilft hier, holomorphe Funktionen von nicht holomorphen zu unterscheiden. In Abb. A.2 ist links das Phasenportrait von $f(z) = 1/z$ zu sehen. Nutzt man nur Farbwerte ohne Helligkeiten würde sich für $f(z) = \overline{z}$ die gleiche Darstellung ergeben. Rechts ist wiederum die zu $f(z) = \frac{1}{z}$ passende analytische Landschaft dargestellt.

Für einfache rationale Funktionen lassen sich damit Nullstellen und Polstellen gut graphisch veranschaulichen. Auch dazu sei ein Beispiel angegeben. In Abb. A.3 ist

$$f(z) = z^2 + z + \frac{1}{z - \mathrm{i}} \tag{A.1.1}$$

J. Wirth, *Asymptotische Analysis*,
https://doi.org/10.1007/978-3-662-73343-1

Abb. A.1 Referenzbild, Phasenportrait und analytische Landschaft der identischen Abbildung $f(z) = z$

Abb. A.2 Referenzbild, Phasenportrait und analytische Landschaft eines einfachen Poles $f(z) = \frac{1}{z}$

sowohl als Phasenportrait als auch als analytische Landschaft dargestellt. Zu sehen sind drei Nullstellen und der Pol in $z = \mathrm{i}$.

Die in Abb. A.4 dargestellte komplexe Exponentialfunktion ist durch parallele Farbverläufe charakterisiert. Auch exponentiell wachsendes/fallendes Verhalten anderer Funktionen ist so ablesbar. Dies sieht man in Abb. 2.3 und 4.8 für die Airyfunktionen oder in Abb. 2.7 und 4.9 für Bessel- und Hankelfunktionen.

A.2 Elementare Sätze der Funktionentheorie

Im Folgenden tragen wir einige Sätze der Funktionentheorie zusammen. Ist $U \subset C$ offen und $f : U \to \mathbb{C}$ eine Funktion, so heißt komplex differenzierbar in $z_* \in U$, falls der Grenzwert

$$\lim_{z \to z_*} \frac{f(z) - f(z_*)}{z - z_*} =: f'(z_*) \tag{A.2.1}$$

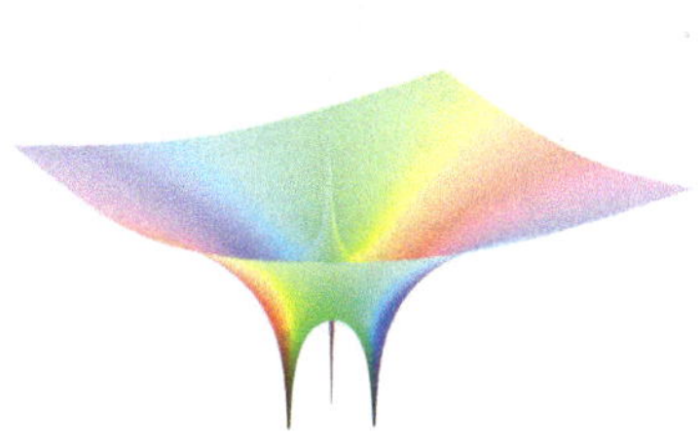

Abb. A.3 Beispiel, Phasenportrait und analytische Landschaft der rationalen Funktion $f(z) = z^2 + z + \frac{1}{z-\mathrm{i}}$

Abb. A.4 Beispiel, Phasenportrait der Exponentialfunktion $f(z) = \mathrm{e}^z$

existiert. Ist f in jedem $z_* \in U$ komplex differenzierbar, so bestimmt dies eine Funktion $f' : U \to \mathbb{C}$. Für die so definierte Ableitung verwenden wir die Bezeichnung $\frac{\mathrm{d}}{\mathrm{d}z} f(z)$.

Neben dieser Ableitung spielen die reellen partiellen Ableitungen ∂_x und ∂_y eine wichtige Rolle. Schreibt man $f(x + \mathrm{i}y) = u(x, y) + \mathrm{i}v(x, y)$ mit reellwertigen Funktionen u und v, so liefert komplexe Differenzierbarkeit eine Beziehung zwischen den partiellen Ableitungen von u und v. Es gilt

$$\begin{aligned} f'(x + \mathrm{i}y) &= \lim_{h \searrow 0} \frac{f(x + h + \mathrm{i}y) - f(x + \mathrm{i}y)}{h} \\ &= \partial_x f(x + \mathrm{i}y) = \partial_x u(x, y) + \mathrm{i}\partial_x v(x, y) \end{aligned} \tag{A.2.2}$$

und ebenso

$$\begin{aligned} f'(x + \mathrm{i}y) &= \lim_{h \searrow 0} \frac{f(x + \mathrm{i}y + \mathrm{i}h) - f(x + \mathrm{i}y)}{\mathrm{i}h} \\ &= -\mathrm{i}\partial_y f(x + \mathrm{i}y) = -\mathrm{i}\partial_y u(x, y) + \partial_y v(x, y), \end{aligned} \tag{A.2.3}$$

woraus nach Gleichsetzen

$$\partial_x u = \partial_y v, \qquad \partial_y u = -\partial_x v \tag{A.2.4}$$

folgt. Dies sind die Gleichungen von Cauchy–Riemann. Oft bezeichnet man Funktionen als holomorph, wenn sie diese Differentialgleichungen erfüllen. Dies ist unter gewissen Voraussetzungen äquivalent zur komplexen Differenzierbarkeit.

Ein dritter oft gebrauchter Begriff ist der der Analytizität. Funktionen sind analytisch, wenn sie lokal als Potenzreihe geschrieben werden können. Es stellt sich heraus, dass alle drei Begriffe unter natürlichen Voraussetzungen äquivalent sind. Es gilt

A.2.1 Satz (Äquivalenzsatz) *Sei $f : U \to \mathbb{C}$ stetig. Dann sind folgende Aussagen äquivalent*

1. *die Funktion f ist auf U komplex differenzierbar;*
2. *die Funktion f ist holomorph, also $f(x + \mathrm{i}y) = u(x, y) + \mathrm{i}v(x, y)$ mit stetig partiell differenzierbaren Funktionen u und v, die die Differentialgleichungen von Cauchy–Riemann erfüllen;*
3. *die Funktion f ist analytisch, es gibt für jedes $z_* \in U$ eine Umgebung, auf der f als gleichmäßig konvergente Reihe*

$$f(z) = \sum_{k=0}^{\infty} \alpha_k (z - z_*)^k \tag{A.2.5}$$

mit geeigneten von z_* abhängenden Koeffizienten $\alpha_k \in \mathbb{C}$ geschrieben werden kann;

4. *die Funktion f ist auf U beliebig oft komplex differenzierbar.*

Der Nachweis der Analytizität einer holomorphen Funktion nutzt dabei oft die nachfolgend angegebene Integralformel von Cauchy zusammen mit der Summenformel der geometrischen Reihe.

A.2.2 Satz (Integralformel von Cauchy) *Sei $f : U \to \mathbb{C}$ holomorph. Dann gilt*

$$f(z) = \frac{1}{2\pi \mathrm{i}} \oint_{\partial B_\varepsilon(z)} \frac{f(\zeta)}{\zeta - z} \,\mathrm{d}\zeta \tag{A.2.6}$$

für jede hinreichend kleine Kreisscheibe $B_\varepsilon(z) \subset U$ um den Punkt z.

Differenzieren oder Anwenden dieser Formel auf Ableitungen von f und partielles Integrieren liefern direkt Integralformeln für Ableitungen von f. Es gilt ganz entsprechend

$$\frac{\mathrm{d}^k}{\mathrm{d}z^k} f(z) = \frac{k!}{2\pi \mathrm{i}} \oint_{\partial B_\varepsilon(z)} \frac{f(\zeta)}{(\zeta - z)^{k+1}} \,\mathrm{d}\zeta. \tag{A.2.7}$$

Es gibt noch weitere dazu äquivalente Aussagen. Die für uns wichtigste formulieren wir als eigenständigen Satz von Morera. Dieser ist die Umkehrung des Integralsatzes von Cauchy.

A.2.3 Satz (Integralsatz von Cauchy) *Sei $f : U \to \mathbb{C}$ holomorph. Dann gilt für jeden in U zusammenziehbaren geschlossenen stückweise glatten Weg Γ*

$$\oint_{\Gamma} f(z)\,\mathrm{d}z = 0. \tag{A.2.8}$$

Auf den ersten Blick überraschend erscheint die folgende Umkehrung.

A.2.4 Satz (Morera) *Angenommen $f : U \to \mathbb{C}$ ist stetig und für jedes in U liegende (ausgefüllte) Dreieck $\triangle \subset U$ gilt*

$$\oint_{\partial\triangle} f(z)\,\mathrm{d}z = 0, \tag{A.2.9}$$

so ist $f : U \to \mathbb{C}$ holomorph.

Diese erlaubt es oft, Holomorphie von durch Integrale definierten Funktionen nachzuweisen. So ist die Laplacetransformierte einer Funktion f holomorph, da für jedes in der Konvergenzhalbebene liegende Dreieck

$$\oint_{\partial\triangle} \mathscr{L}f(z)\,\mathrm{d}z = \oint_{\partial\triangle}\int_0^\infty f(t)\mathrm{e}^{-tz}\,\mathrm{d}t\,\mathrm{d}z = \int_0^\infty f(t)\left(\oint_{\partial\triangle} \mathrm{e}^{-tz}\,\mathrm{d}z\right)\mathrm{d}t = 0 \tag{A.2.10}$$

auf Grund des Satzes von Fubini gilt.

Nullstellen einer von Null verschiedenen holomorphen Funktion sind isoliert. Dies folgt direkt aus den Potenzreihendarstellungen holomorpher Funktionen. Ist z_* eine Nullstelle von f und $f \neq 0$, so gilt in einer Umgebung von z_*

$$f(z) = (z - z_*)^m \sum_{k=0}^{\infty} a_k (z - z_*)^k = (z - z_*)^m g(z) \tag{A.2.11}$$

mit $a_0 \neq 0$ und einem $m \in \mathbb{N}$. Die durch die Reihe definierte Funktion g ist in einer Umgebung von z_* holomorph und da $g(z_*) \neq 0$ ist, ist in einer kleineren Umgebung ebenso $g(z) \neq 0$. Also gibt es in einer Umgebung von z_* keine weitere Nullstelle von f. Also folgt im Umkehrschluss auch, dass eine Funktion mit zu vielen Nullstellen die Nullfunktion sein muss.

A.2.5 Satz (Identitätssatz) *Angenommen, $U \subset \mathbb{C}$ ist zusammenhängend und offen, die Funktion $f : U \to \mathbb{C}$ holomorph und die Menge*

$$N := \{z \in U \mid f(z) = 0\} \tag{A.2.12}$$

Abb. A.5 Partialsumme einer Potenzreihe

besitzt einen in U liegenden Häufungspunkt. Dann gilt $f(z) = 0$ für alle $z \in U$.

Ein ebenso nützliches Hilfsmittel ist das Maximumprinzip. Die einfachste Fassung ist nachfolgend angegeben.

A.2.6 Satz (Maximumprinzip) *Sei $f : U \to \mathbb{C}$ holomorph und U offen. Angenommen, es gilt*

$$\forall_{z\in U} \quad |f(z)| \le |f(z_*)| \tag{A.2.13}$$

für ein $z_* \in U$, so ist f konstant.

Zum Beweis genügt die Abschätzung

$$|f(z_*)| = \frac{1}{2\pi}\left|\int_{\partial B_\varepsilon(z_*)} \frac{f(\zeta)}{\zeta - z_*}\,\mathrm{d}\zeta\right| \le \frac{1}{2\pi\varepsilon}\int_0^{2\pi} |f(z_* + \varepsilon \mathrm{e}^{\mathrm{i}\theta})|\,\mathrm{d}\theta \tag{A.2.14}$$

aus der Cauchyschen Integralformel (A.2.6) und die Beobachtung, dass die rechte Seite der Mittelwert von $|f(z)|$ entlang des Kreises $\partial B_\varepsilon(z_*)$ ist. Oft formuliert man es leicht anders, sind nicht konstante holomorphe Funktionen auf dem Abschluss eines beschränkten Gebietes U stetig, so werden Maxima von $|f|$ auf dem Rand angenommen. Minima von $|f|$ sind Nullstellen oder liegen ebenso auf dem Rand.

Ist eine Funktion f auf einer Kreisscheibe $B_\rho(z_*)$ holomorph, so ist sie dort als Potenzreihe

$$f(z) = \sum_{k=0}^{\infty} a_k (z - z_*)^k \tag{A.2.15}$$

darstellbar. Der Konvergenzradius der sich ergebenden Reihe ist dabei insbesondere stets größer oder gleich ρ. Zum Beweis genügt die Cauchysche Integralformel

Abb. A.6 Partialsumme einer Laurentreihe

zusammen mit der geometrischen Summenformel. Ein typisches Phasenportrait einer Partialsumme einer Potenzreihe ist in Abb. A.5 dargestellt.

Eine entsprechende Aussage gilt auch für auf Kreisringen

$$K_{\rho_i,\rho_a}(z_*) = \{z \in \mathbb{C} \mid \rho_i < |z - z_*| < \rho_a\} \quad \text{für Radien } 0 \leq \rho_i < \rho_a \tag{A.2.16}$$

definierte holomorphe Funktionen. Diese folgt aus der Integralformel von Cauchy A.2.6 zusammen mit einer Deformation des Integrationsweges. Abb. A.6 zeigt eine typische Partialsumme einer Laurentreihe.

A.2.7 Satz (Laurentreihenentwicklung) *Angenommen, $f : K_{\rho_i,\rho_a}(z_*) \to \mathbb{C}$ ist holomorph. Dann gilt für alle $z \in K_{\rho_i,\rho_a}(z_*)$*

$$f(z) = \sum_{k=-\infty}^{\infty} a_k (z - z_*)^k \tag{A.2.17}$$

also lokal gleichmäßig absolut konvergente Reihe. Für die Koeffizienten gelten dabei die Darstellungen

$$a_k = \frac{1}{2\pi \mathrm{i}} \int_\Gamma \frac{f(z)}{(z - z_*)^{k+1}} \, \mathrm{d}z \tag{A.2.18}$$

für jeden innerhalb der Kreisscheibe liegenden und den Ursprung einmal positiv umlaufenden Integrationsweg Γ.

Den dabei auftretenden Koeffizienten a_{-1} bezeichnet man dabei als das Residuum der Funktion in z_*,

$$\mathrm{Res}_{z_*} f := \mathrm{Res}_{z=z_*} \big(z \mapsto f(z)\big) := a_{-1}. \tag{A.2.19}$$

Von Interesse ist dieses insbesondere für isolierte Singularitäten der Funktion f, also Stellen z_* für die f auf einer punktierten Umgebung $K_{0,\varepsilon}(z_*)$ holomorph ist.

A.2.8 Satz (Residuensatz) *Sei $f : U \to \mathbb{C}$ holomorph und $\Gamma \subset U$ ein Integrationsweg. Angenommen $\Gamma = \partial\Omega$ Rand einer Menge und $\Omega \setminus U$ besteht nur aus endlich vielen Punkten z_j, $j = 1, \ldots, N$. Dann gilt*

$$\oint_\Gamma f(z)\,\mathrm{d}z = 2\pi\mathrm{i} \sum_{j=1}^{N} \mathrm{Res}_{z_j} f. \tag{A.2.20}$$

Mitunter formuliert man den Satz etwas allgemeiner und betrachtet beliebige geschlossene Kurven $\Gamma \subset U$. Definiert man dann die Windungszahl

$$\mathrm{wind}_{z_*}(\Gamma) := \frac{1}{2\pi\mathrm{i}} \oint_\Gamma \frac{1}{z - z_*}\,\mathrm{d}z = \frac{1}{2\pi\mathrm{i}} \arg\ln(z - z_*)\Big|_\Gamma, \tag{A.2.21}$$

so gilt auch allgemein

$$\oint_\Gamma f(z)\,\mathrm{d}z = 2\pi\mathrm{i} \sum_j \mathrm{wind}_{z_j}(\Gamma)\ \mathrm{Res}_{z_j} f. \tag{A.2.22}$$

wobei über die isolierten Singularitäten von f in U summiert wird.

Weiterführende Literatur

Als unterstützende und weiterführende Literatur empfehlen wir nachfolgende Bücher.

- N.G. De Bruijn. *Asymptotic Methods in Analysis* [dB61]
- V.A. Zorich. *Analysis II* [Zor16, Kap. 19]
- G.H. Hardy. *Divergent Series* [Har92]
- E.C. Titchmarsh. *The Theory of Functions* [Tit58]
- G.H. Hardy, M. Riesz. *The general theory of Dirichlet's series* [HR64]
- G.H. Hardy, E.M. Wright. *An Introduction to the Theory of Numbers* [HW79]
- E.T. Whittaker, G.N. Watson. *A Course of Modern Analysis* [WW96]
- М.А. Лаврентьев, Б.В. Шабат. *Методы Теории Функций Комплексного Переменного* (Наука 1965)[1] [LS67, Kap. V.3, VI]
- F.W.J. Olver. *Asymptotics and Special Functions* [Olv74]

Die Phasenportraits sind mit MATLAB erstellt. Genutzt wurden dazu von Elias Wegert dankenswerterweise bereitgestellte m-Files. Für weitere Informationen zu Darstellungen holomorpher Funktionen und funktionentheoretischen Hintergründen sei auf das Buch

- E. Wegert. *Visual Complex Functions* [Weg12]

oder den Anhang A dieses Buches verwiesen.

Der Text setzt Kenntnisse aus Grundvorlesungen zur Analysis bis hin zur Funktionentheorie voraus. Für diesen Hintergrund verweisen wir auf

[1] Übersetzt als: M.A. Lawrentjew, B.V. Schabat. *Methoden der komplexen Funktionentheorie* (Deutscher Verlag der Wissenschaften, Berlin 1967).

J. Wirth, *Asymptotische Analysis*,
https://doi.org/10.1007/978-3-662-73343-1

- K. Königsberger. *Analysis 1* [Kö04]
- K. Königsberger. *Analysis 2* [Kö93]

oder ein anderes Standardwerk zur Analysis.

Literatur

[dB61] de Bruijn, N.G.: Asymptotic Methods in Analysis, Bd. IV of Bibliotheca Mathematica [Mathematics Library], 2. Aufl. North-Holland Publishing Co., Amsterdam; P. Noordhoff Ltd., Groningen (1961)

[Har92] Hardy, G.H.: Divergent Series. Éditions Jacques Gabay, Sceaux, 1992. With a preface by J. E. Littlewood and a note by L. S. Bosanquet, Reprint of the revised (1963) edition

[HR64] Hardy, G.H., Riesz, M.: The General Theory of Dirichlet's Series, Bd. 18 of Cambridge Tracts in Mathematics and Mathematical Physics. Stechert-Hafner, Inc., New York (1964)

[HW79] Hardy, G.H., Wright, E.M.: An Introduction to the Theory of Numbers, 5. Aufl. The Clarendon Press, Oxford University Press, New York (1979)

[Kö93] Königsberger, K.: Analysis. 2. Springer-Lehrbuch. [Springer Textbook]. Springer, Berlin (1993). Grundwissen Mathematik. [Basic Knowledge in Mathematics]

[Kö04] Königsberger, K.: Analysis. 1. Springer-Lehrbuch. [Springer Textbook], 6. Aufl. Springer, Berlin (2004)

[LS67] Lawrentjew, M.A., Schabat, B.W.: Methoden der komplexen Funktionentheorie, Bd. 13 of Mathematik für Naturwissenschaft und Technik [Mathematics for Science and Technology]. VEB Deutscher Verlag der Wissenschaften, Berlin (1967). Übersetzung und wissenschaftliche Redaktion von Udo Pirl, Reiner Kühnau und Lothar Wolfersdorf

[Olv74] Olver, F.W.J.: Asymptotics and Special Functions. Computer Science and Applied Mathematics. Academic Press [Harcourt Brace Jovanovich, Publishers], New York-London (1974)

[Pri48] Privalov, I.I.: Введение в теорию функций комплекного переменного, 8. Aufl. Gosudarstv. Izdat. Tehn.-Teor. Lit., Moscow-Leningrad (1948)

[Tit58] Titchmarsh, E.C.: The Theory of Functions. Oxford University Press, Oxford (1958). Reprint of the second (1939) edition

[Weg12] Wegert, E.: Visual Complex Functions. Birkhäuser/Springer Basel AG, Basel (2012). An introduction with phase portraits

[WW96] Whittaker, E.T., Watson, G.N.: A Course of Modern Analysis. Cambridge Mathematical Library. Cambridge University Press, Cambridge (1996). An introduction to the general theory of infinite processes and of analytic functions; with an account of the principal transcendental functions, Reprint of the fourth (1927) edition

[Zor16] Zorich, V.A.: Mathematical Analysis. II. Universitext, 2. Aufl. Springer, Heidelberg (2016)

J. Wirth, *Asymptotische Analysis*,
https://doi.org/10.1007/978-3-662-73343-1

Stichwortverzeichnis

J. Wirth, *Asymptotische Analysis*,
https://doi.org/10.1007/978-3-662-73343-1

Zeitfracht Medien GmbH
Ferdinand-Jühlke-Straße 7
99095 Erfurt, Deutschland
produktsicherheit@kolibri360.de